U0180060

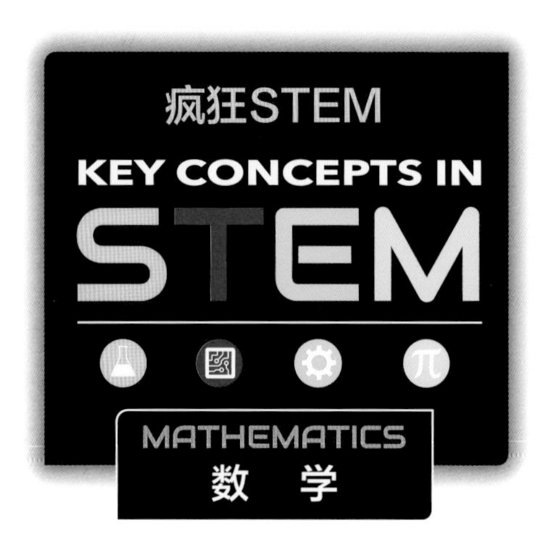

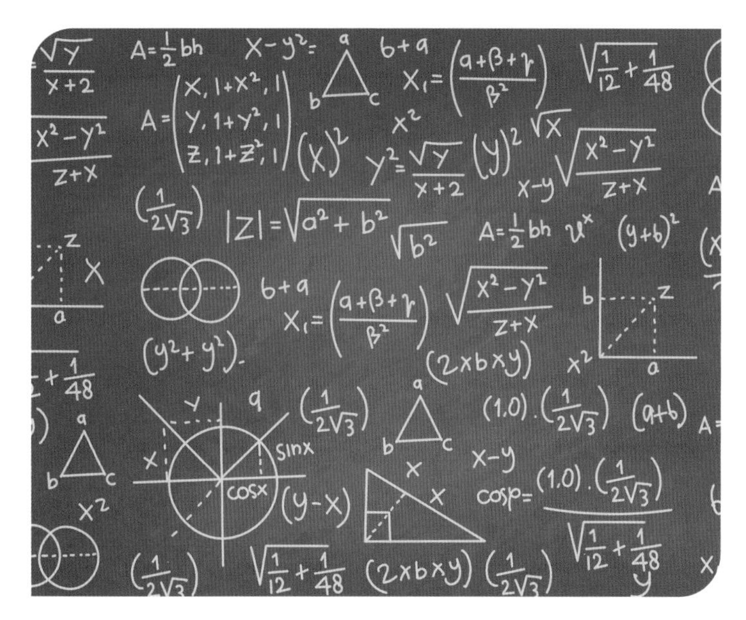

数字、代数和图象

NUMBERS, ALGEBRA, AND GRAPHS

英国 Brown Bear Books　著

牟晨琪　译

電子工業出版社
Publishing House of Electronics Industry
北京 • BEIJING

Original Title: MATHEMATICS: NUMBERS, ALGEBRA, AND GRAPHS

BROWN BEAR BOOKS
Devised and produced by Brown Bear Books Ltd,
Unit 1/D, Leroy House, 436 Essex Road, London
N1 3QP, United Kingdom
Chinese Simplified Character rights arranged through Media Solutions Ltd Tokyo
Japan (info@mediasolutions.jp)

版权贸易合同登记号　图字：01-2021-5260

图书在版编目（CIP）数据

数字、代数和图象 / 英国 Brown Bear Books 著；牟晨琪译 . —北京：电子工业出版社，2022.1
（疯狂 STEM. 数学）
书名原文：MATHEMATICS: NUMBERS, ALGEBRA, AND GRAPHS
ISBN 978-7-121-42328-4

Ⅰ. ①数…　Ⅱ. ①英…　②牟…　Ⅲ. ①数字－青少年读物　②代数－青少年读物　③图像－青少年读物　Ⅳ. ①O1-49

中国版本图书馆 CIP 数据核字（2021）第 231828 号

责任编辑：郭景瑶
文字编辑：刘　晓
印　　刷：北京利丰雅高长城印刷有限公司
装　　订：北京利丰雅高长城印刷有限公司
出版发行：电子工业出版社
　　　　　北京市海淀区万寿路 173 信箱　邮编：100036
开　　本：787×1092　1/16　印张：4　字数：115.2 千字
版　　次：2022 年 1 月第 1 版
印　　次：2022 年 1 月第 1 次印刷
定　　价：68.00 元

凡所购买电子工业出版社图书有缺损问题，请向购买书店调换。若书店售缺，请与本社发行部联系，联系及邮购电话：（010）88254888，88258888。

质量投诉请发邮件至 zlts@phei.com.cn，盗版侵权举报请发邮件至 dbqq@phei.com.cn。

本书咨询联系方式：（010）88254210，influence@phei.com.cn，微信号：yingxianglibook。

“疯狂STEM”丛书简介

STEM是科学（Science）、技术（Technology）、工程（Engineering）、数学（Mathematics）四门学科英文首字母的缩写。STEM教育就是将科学、技术、工程和数学进行跨学科融合，让孩子们通过项目探究和动手实践、创造的方式进行学习。

本丛书立足STEM教育理念，从五个主要领域（物理、化学、生物、工程和技术、数学）出发，探索23个子领域，全方位、多学科知识融会贯通，培养孩子们的科学素养，提升孩子们解决问题和实际动手的能力，将科学和理性融于生活。

从神秘的物质世界、奇妙的化学元素、不可思议的微观粒子、令人震撼的生命体到浩瀚的宇宙、唯美的数学、日新月异的技术……本丛书带领孩子们穿越人类认知的历史，沿着时间轴，用科学的眼光看待一切，了解我们赖以生存的世界是如何运转的。

本丛书精美的文字、易读的文风、丰富的信息图、珍贵的照片，让孩子们仿佛置身于浩瀚的科学图书馆。小到小学生，大到高中生，这套书会伴随孩子们成长。

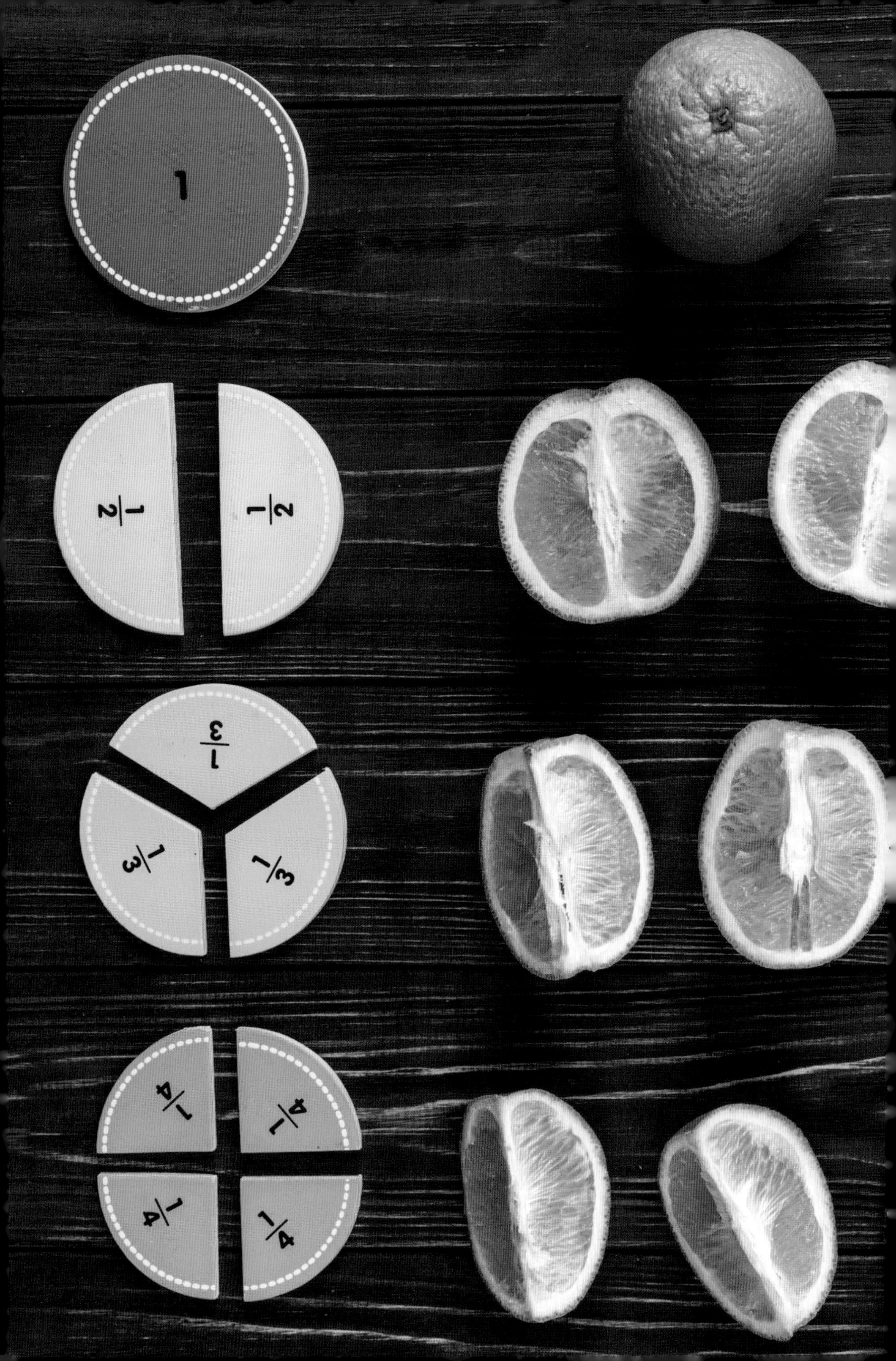
1
1/2
1/2
1/3
1/3
1/3
1/4
1/4
1/4
1/4

目 录

计数法

数学的起源是数字，那么数字仅仅是用来比较事物大小的吗？随着对数学认识与理解的不断加深，人们发现数字和计数法在社会的发展历程中扮演着重要的角色。

几乎每个人的数学第一课都是从学习数字开始的，而学习的方式往往是数数。数数时，一般从数字1开始，它代表单个事物，是一个非常特别的数字。它所代表的单个事物既可以是一个人、一个星球，也可以是一个星系。这些事物的大小可能相差悬殊，但我们实际上只是在数其中的一个。其他所有的整数都由数字1的集合构成：2是两个1，3是三个1，以此类推。

自然能力

通过不断地加1，数字将变得越来越大，这是显而易见的。实际上，数数如此简单，简单到连动物可能也会，至少很多动物能数到不是很大的数。当然，这里所谓的数数，不是指简单地区分多少。很多动物都具备简单区分多少的能力，例如，鱼总会选择加入数量最多的鱼群。然而，数数是基于各种动物在其记忆中如何为固定数目的事物留出空间的。例如，蜜蜂在觅食时可以记住多达4个地标。当地标数超过4时，它们要么选择忽略新出现的地标，要么选择忘记先前记住的某个地标。因此，觅食中的蜜蜂可以

探索数学的第一步就是学着数最小的数字，这样有助于奠定数学基础。

虽然人们对现代科学中的计数法习以为常，但实际上计数法的发展历程长达几个世纪。

从1数到4，其他包括狮子和鸡在内的多种动物也能按照类似的方式数数。

动物的数数能力也可以进一步培养发展，例如，在试验中，经过训练的猴子几乎可以数得跟人类一样好。

学习计数

人类进行简单计数的方式与其他动物无异。我们无须主动地把数字读出来或思考就可以进行计数。人类的大脑能够瞬间识别出2个、3个或4个事物。如果数字大于4，那么大脑就会做较小数字的加法，如数字5是由2和3相加构成的。当数字大于7时，大脑将无法进行“本能”的数学计算，此时大脑中的数字将不再那么精确。这时我们看到的事物将有“好几个”，而不是一个精确的数。

在古代，特别是随着农业等产业的技

数字是人类发明的吗？

究竟是人类发明了数字，还是数字早已存在，只是人类后来发现了它们？对于像数学这样严谨的学科而言，这一问题实在太过模糊，哲学意味太浓了，但这个问题的答案影响着数学家对于数学这个学科的理解与感觉。如果你认为数字是人类发明的，那么数学就仅仅是解决实际问题的工具；如果你认为数字早已存在，那么数学就是探索整个宇宙奥秘的途径，因为在宇宙中，数字朝各个方向无限传播。许多数学家认为，他们来到世上的目的就是探求宇宙万物的有趣模式与关系，正如曾经的探险家探索地球各处的陆地一样。

蜜蜂是已知可以数数的动物之一。在觅食时，蜜蜂可以记住至多4个地标。

试一试

数数小数字

我们可以用下面这么一个简单的测试来验证人类对于小数字“天生”的数数能力。这个测试需要两个人共同完成。其中一位手中有6件小物品，石头、纽扣都是不错的选择。开始前，先不要让另一位看到这些小物品。首先尝试像2或3这样的小数字，把相应数目的物品给另一位看。这时他必须把看到的物品数目说出来。多试几次，保证至少把数字1到6都尝试一遍。他面对较大的数字时，是否反应时间更长？问问他究竟是怎么得到答案的——他在什么时候必须把小的数字相加，而又在什么时候能立刻知道数字是多少？

术发展，人们发现，有必要像对小数字一样对大数字进行精确的计数。

例如，主人想确认一天早晚两个时间点牲畜的数目是否相同。对于史前人类究竟是如何发展出大数字的计数方式的，目前并无定论，但基于如今我们所了解的知识，有几种理论是站得住脚的。

一种就是利用双手的手指。我们一共有10根手指，当代的计数法使用十进制绝非偶然。如果人类有8根或12根手指，那么计数法可能就会有所不同。利用手指进行计数的问题在于，10就是计数的上限。

另一种可能是利用石头堆。早晨牲畜外出觅食时，主人用一块石头代表一只牲畜，然后将石头堆成一堆。当夜晚牲畜回来

古代的农民需要一种统计畜群中牲畜精确数目的方法，这是为了检查经过一天的放牧是否有牲畜走丢。

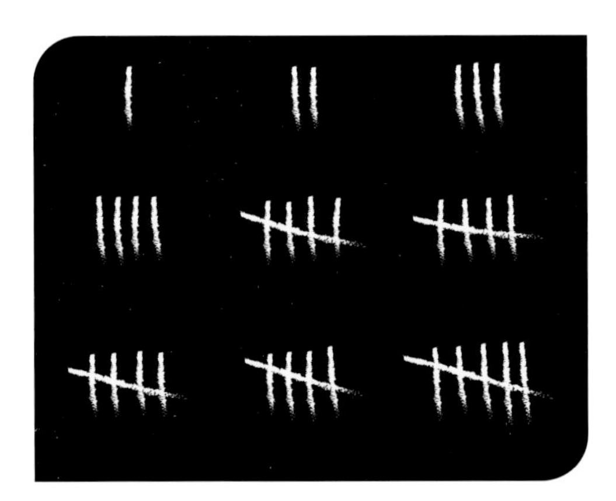

计数的一种好方法就是把大数字分成5个一组，因为这样很容易求和。

时，主人看到一只牲畜回来就从石头堆中拿走一块石头，最后石头堆中剩下石头的数目就是那些走丢的、该去寻找的牲畜的数目。

在利用石头堆的计数法中，石头就是现实世界中使用的计数记号。如果主人手

伊尚戈骨

计数标记见于数千年前的骨头或贝壳上。刻有计数标记的最古老的一件物品当属伊尚戈骨，这是一段狒狒的腿骨，表面刻有代表数字的记号。伊尚戈骨在距今20000年前的中非地区制作而成。它首次被发现于如今的刚果民主共和国境内，人们认为它的用途是进行某种记录，其上刻着的数字记号代表财产的数目或其他重要事物的数目。然而，这些数字记号的排列方式不禁让数学家猜测，伊尚戈骨实际上可能是某种计算器或乘法表，主要用于十二进制的计数法。

进入数字时代

在医学中，手指和脚趾这两个术语的英文单词来源于拉丁文单词digitus，它的原意就是手指或脚趾。英文单词“digit”（数位）是“number”（数字）的同义词，它指大数字中的某个数字符号。例如，“2”是数字“123”的一个数位，而“123”是一个三位数。如今，“数字科技”或“数字通信”中的“数字”的英文就是“digital”。这说明这些技术的基础是数字，这些技术常用于表示对电脑或集成电路进行编码和控制的复杂数字代码。

当今形形色色的科学技术中常常以数字作为一行行的代码。

上图为中世纪欧洲的计数棒，用于记录数目及一些笔记等信息。

头有一根木头或骨头可供他刻线（当然有纸、笔就再好不过了），那么他就可以为每一只牲畜在木头或骨头上刻一根水平或竖直的线，用来表示牲畜的数目。这种刻线就是以文字写成的数字的原始形态。

当数字记号超过5时，这种计数法将不再那么容易被使用，因为人们很难一眼认出记号的准确数目。此时，人们使用其他特殊的记号来代表更大的数字，例如3个、5个或10个。将3组代表10个的记号相加显然比从1数到30要简单得多。世界上的许多数字记号就是按照这种方式不断演化的，例如古印度、古埃及或中国古代所使用的数字记号即是如此，数字记号经过不断演化最终形成了如今我们所使用的样式。

古巴比伦数字

目前已知最早的书写数字来源于美索不达米亚平原（当今的叙利亚和伊拉克地区）。美索不达米亚平原上的人们最早将数字记号刻在石头、骨头或木头上，作为某些数字的永久记录。当然，数字总是不断变化的。为此，后来的美索不达米亚人不再使用数字记号，而使用用黏土手工塑造并在窑中加热硬化而成的小型陶瓷球来记录数字。一个小陶瓷球代表一个事物，如一只羊；两个小陶瓷球代表两只羊，以此类推。当数到五只羊时，就用一个大球来表示。这些可以追溯到7000年前的记号据说是人类首个数据存储系统。在大约5500年前，这种计数法被楔形文字和数字所取代，后者是这一时期的美索不达米亚人所使用的书写体系。当时的人们利用芦苇等植物的茎部在湿黏土中所制成的表格上记下楔形文字和数字。起初，楔形数字形似摁在黏土上的圆形记号。

石头计算器

在数学中，小石头或黏土块的使用历史源远流长。早期的人们可能会在地上或计数表（如同原始的算盘）上通过放入或拿走小石头的方式来进行简单的求和运算。石头的拉丁文单词是calx，而鹅卵石或小石头的拉丁文单词是calculi。这也是为什么利用石头进行求和的行为会被称为“计算”（calculating）的原因。当然，如今我们进行计算时早已不需要石头的帮助了。

随后，写字用的芦苇变成了楔子的形状，更利于书写复杂的记号。

大约3000年前，当时的美索不达米亚平原被古巴比伦王朝所统治，而楔形数字也最终演变成了楔形记号。每个楔形记号都是用楔子挖一下的结果。这些楔形记号一排排地排列，每一排最多可表示数字9。

数字10用由楔子挖两下得到的另一种记号来表示。数字11由一个数字10的记号旁加一个数字1的记号来表示，数字22由两个数字10的记号旁加两个数字1的记号来表示，以此类推，直至数字59。古巴比伦人用10和60为基底来计数，这背后的原因待后续介绍。数字60仍用数字1的记号来表示，只是其位置移至左侧。因此，数字61由两个数字1的记号表示，只是两个记号之间以空白隔开。

位值

数字记号构成了一个加法计数法。顾

另一套计数法：奇普

位于秘鲁的印加人不会书写数字，他们采用奇普来记录数字。奇普指一套细绳，有时多达几百根。每根细绳在特定的位置打结，用来表示一个数字。个位用细绳底部的绳结表示，而绳结中圆圈的数目代表个位数为几。再往上是代表十位的绳结，然后是代表百位的绳结，上限为代表万位的绳结。如果所记录的数字中没有个位或者某一位值为0，那么绳子上相应位置处就不再打结。若要计算多根细绳所表示的数字之和，可以将细绳上的所有绳结相加后移至另一根新绳上。

不同颜色的结绳（奇普）是秘鲁印加人记录和传递数字信息的方式。

古巴比伦人用特制的木楔在软黏土上刻出楔形记号，以此来记录数字和数学记号。

名思义，此时数字的大小由其中所有数值相加得到。因此，记号 Ⅲ 代表数字 1 + 1 + 1 = 3 。罗马计数法就是典型的加法计数法。这种计数法有一个明显的优点，那就是求和轻而易举，所有数字根据大小排列后即是求和的结果。例如，M（代表数字 1000）+ X（代表数字 10）+ V（代表数字 5）= MXV（代表数字 1015）。但是，加法计数法在两个方面有着明显的劣势。

首先，数字的长度快速增长，很快就会令人难以辨识；其次，乘除法异常复杂，几乎不可能实现。

古巴比伦的计数法采用了不同的计数方式。每个数字都有对应的位值，如 1、10、60 等。因此，古巴比伦以位值系统进行计数，其中某个数字的值由其在整个数字中的位置确定。现代的计数法也如此，例如，111 代表 100 + 10 + 1 = 111。

商人与数字

大约 4000 年前，此时距古巴比伦计数

下图中的中国计数法使用竹签计数，由中国商人于大约 4000 年前创立。

	0	1	2	3	4	5	6	7	8	9
垂直线		丨	‖	‖丨	‖‖	‖‖丨	⊤	⊤丨	⊤‖	⊤‖丨

罗马数字

古罗马人用字母表中的字母来记录数字，例如I指1、V指5、X指10、L指50、C指100、M指1000。数字的最终取值通过将这些符号的取值相加所得。例如，XVI指10+5+1=16。这其中还有些特例：当某个数值比其右侧数值小时，数字最终取值需要用右侧数值减去左侧数值得到。因此，IV代表5−1=4，而XCV指(100−10)+5=95。

Ⅰ Ⅱ Ⅲ Ⅳ
Ⅴ Ⅵ Ⅶ
Ⅷ Ⅸ Ⅹ
Ⅺ Ⅻ

右侧是古罗马计数法中的数字1到数字12（10+1+1）。在计算加法时，罗马数字易于理解，但在计算乘除法时，罗马数字就有点力不从心了。

法创立不久，中国也发展出了类似的位值计数法。不过，中国的这套计数法是十进制的，而非六十进制的。

商人在旅行时携带着一套竹签，需使用时就将竹签摆在地上，其使用位值的方法与现在的如出一辙。数字中先是个位数，然后是十位数、百位数、千位数，以此类推。

与古巴比伦计数法类似，中国的竹签

古老的数字记号在当今盛行的麻将牌棍中仍可觅得踪迹。

在中国的计数法中，10是一个单独的符号，并非由数字1和0构成。

计数法也有一个重大缺陷。例如数字21以符号2、间隔、符号1的方式表示。此处的间隔必须十分显眼，否则人们就有可能将该数字错认为3。那么，这种竹签计数法如何表示数字201呢？

唯一的方法只能是加大符号2和符号1中间的间隔，以此说明十位没有数字。那2001又当如何表示呢？又该如何区分2001和201呢？可以说，此时将这些大数字认错的可能性非常大，而这无疑会导致误算及人们之间的争执，这在买卖中尤为明显。

“没有”怎么表示

古罗马、古埃及、古巴比伦和中国的计数法都缺乏表示“没有”的记号。古代数学主要考虑如何对现实存在的事物进行计数，从定义上来看，“没有”代表不存在，因此也没有必要对其进行计数。然而，在一个大数字中，表示某个重要位置的数值为0显然是有重要的创新意义的。古巴比伦人通过在大数字中添加点来表示数字中间的间隔，因此21、2・1和2・・1显然代表不同的数字。其他文明的人也意识到，一个易于辨别的占位符用处颇多，例如玛雅人用贝壳作为占位符。

数字0

前文提到的那些符号本身并非数字，只是令大数字易于辨识的占位符。代表“没有”的数字起源于公元600年前后的古印度。起初，数字0仍用点来表示，但随

《计算之书》

含有数字0的古印度计数法后来传入中东，逐渐取代了古埃及和古罗马计数法，在阿拉伯商人和数学家中被广泛使用。在随后的几个世纪中，印度–阿拉伯计数法不断发展，成为当今西方世界计数法的基础。到12世纪，欧洲人仍在使用罗马数字，并且借助算盘进行加减等运算。后来，比萨的列昂纳多（Leonardo of Pisa，1170–约1250年）——一位后来以“斐波那契（Fibonacci）”闻名的年轻数学家，在其发表于1202年的著作《计算之书》（Liber Abaci）中将印度–阿拉伯计数法传入欧洲。斐波那契向人们展示出，利用位值计数法可以让商人无须借助算盘即可便捷地计算价格和利润等。16世纪初，这种新的位值计数法取代了其他计数法。

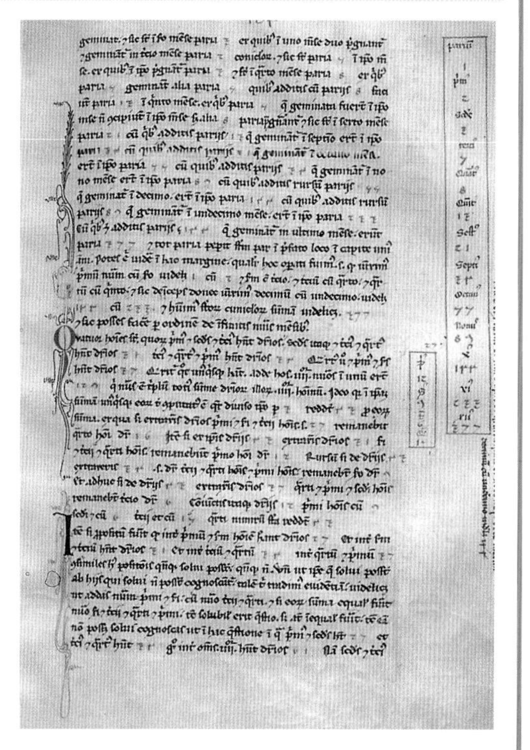

上图为斐波那契《计算之书》中的一页。书页右侧的一列就是如今为人们所熟知的“斐波那契数列”，它在描述自然界的特定形状时扮演着重要的角色。

着时间的推移其记号逐渐演变为圆圈。据说0的英文单词zero来源于古印度语的单词“沙漠”，因为0与沙漠均空无一物。数字0的加入使得数字的书写、辨识和计算更为便捷、简单。同等重要的是，将0置于1之前，将数字按顺序写作0, 1, 2, 3, …，也开启了算术运算的新篇章。

科学词汇

位数：一个自然数数位的个数。含有一个数位的数为一位数。

数字：数量或数值。

数码：用于表示一个数字的一个记号或一组记号。

位值：利用位数在一行数码中的位置来表示数字的大小。

记号：利用做标记的方式来记录每件物品的计数手段。

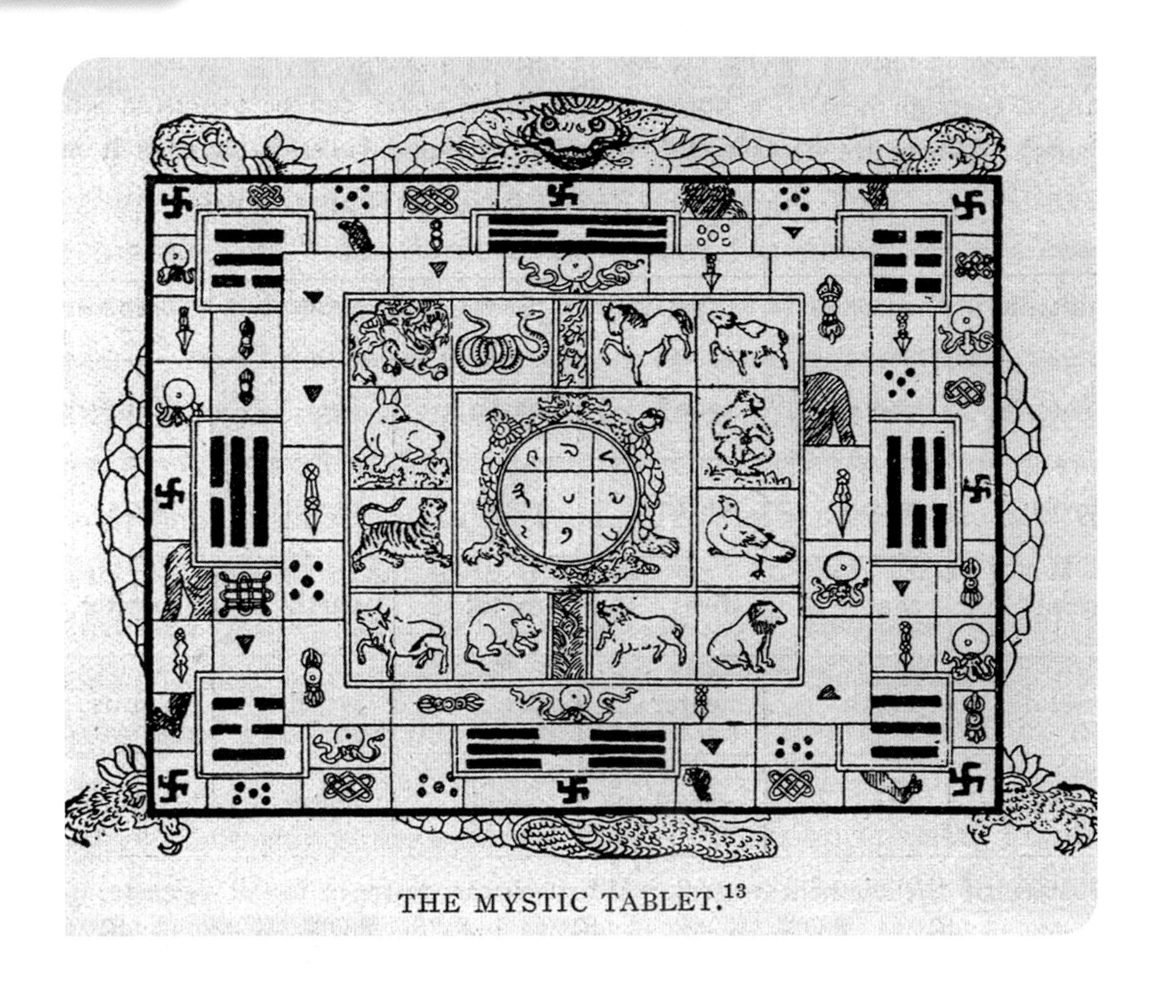

上图为古代神秘碑。碑的中央是一个3乘3的魔方阵（详见下页），其周围是一些动物符号。

“算术”一词来源于古希腊语，原意为“数字的艺术”。算术主要研究数字及其加减乘除等运算。

现存最早的算术记录可以追溯至大约4000年前古埃及书写于草纸片上的运算和美索不达米亚书写于楔形数字表上的运算。当然，可能在此之前人们就苦心钻研加减乘除已久。当今数学学科中处理数字的方式被称为“运算”，其本质自古代起就从未改变。

求和

对于所有要进行货物交换或买卖的人来说，加减法是其必备技能。在购入更多牲畜后，牧民可以一只一只地重新数出牲畜的新数目，也可以用新购买的牲畜数目加上原有的牲畜数目。显然，用加法比数数简单多了。例如，1加2就是在1后再数2个数。同样地，2加1就是在2后再数1个数。这意味着，加法是有交换性的一种运算，因此加法运算中的数字如何排列并不影响其最终的计算结果。

减法是加法的逆运算。与加法一样，减法也是计数行为的一种拓展，只是它是反方向的。12减3指从12向前数3个数，结果为9。与加法不同的是，减法中数字的排列顺序对计算结果是有影响的，因此减法不具有交换性。将12减3换位变为3减12后，结果就完全不同了。

减法算式中的第一个数字为“被减数”，而从其中移除的数字为“减数”。减法的本质是探寻两个数字之差。将减法算式的结果与减数相加总可以重新得到被减数：12减3得9，而9加3得12。

符号的使用

在历史上的大部分时间里，加法等运算都是用文字记录的，与上面一段文字所描述的一样。如今，计算过程中的各种运算都用大家所熟知的符号来表示。这些运算符最早出现于大约600年前。当时正值欧洲由罗马数字和算盘计算向现代数字和纸笔运算转换的时候。

加法用加号“+”表示，而减法用减号“-”表示。这两个符号在印刷本中首次出现于德国数学家约翰内斯·维德曼（Johannes Widmann，1460—1498年）在

试一试

魔方阵

魔方阵是各行、各列和对角线上的数字之和为同一个数（称为“魔数”）的数字方阵。魔方阵的规则是各个数字要互不相同。根据中国的古老传说，最早的魔方阵出现在龟壳上，上面的数字是中国古代数字。最早的魔方阵是3乘3的方阵，这也是最简单的魔方阵。

下面的方阵是4乘4的魔方阵。试着检验一下方阵中的数字：各行、各列和对角线上的数字之和均为34，而且各个数字互不相同。那么，你不妨试一试构造自己的魔方阵吧！

2	16	13	3
11	5	8	10
7	9	12	6
14	4	1	15

右图为古埃及古墓中的艺术作品。作品的左上方展示出古埃及记录员在计算下方牲畜的数量。

延伸至无穷的数轴

理解加减法的最佳途径就是使用数轴。在数轴上左右移动意味着减去和加上相应的数字。实际上，数轴包含诸如1、2、3等所有的整数（数字0也是整数），而数轴上整数间的间隔给我们在不同的数值间移动的直观感受。数轴上最大的数加1将得到更大的数，因此数轴的右侧可以不断延伸，直至无穷。

数轴上两个整数间的间隔（例如0和1的间隔）由不是整数的数填充，例如 $\frac{1}{2}$ 和 $\frac{1}{4}$ 等分数。在数轴上从0移动到1意味着加1。当然，在数轴上位于0和1之间的数远不止一个。分数可以越来越小，没有极限，因此分数的数目也是无穷无尽的。这是另一种无穷，我们将得到无穷小。

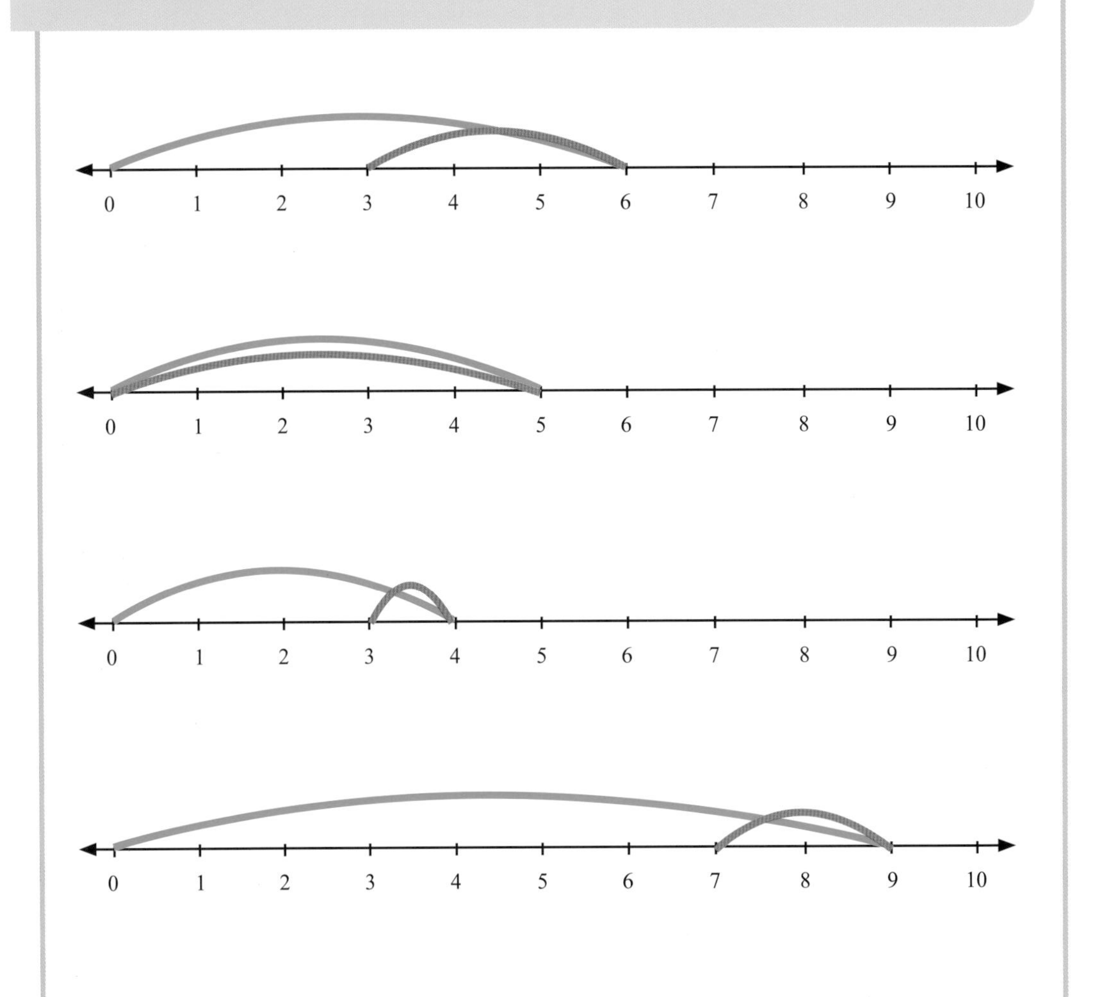

数轴使得加减法更为直观。在上例中，蓝线代表被减数（原数字），橙线代表减数（从原数字中移除的数字）。从数轴中可以轻易看出：6-3=3、5-5=0、4-1=3、9-2=7。

1489年出版的《贸易算术》中。加号“+”由法国人尼克尔·奥里斯姆（Nicole Oresme，1323—1382年）在1360年前后引入，加号似乎是快速书写法语单词et（意指“和”）的结果。

等号“=”后面的即为运算的结果，它由英国数学家罗伯特·雷科德（Robert Recorde，约1512—1558年）于1557年在其著作《砺智石》（*The Whetstone of the Witte*）中引入。雷科德设计等号的意图似乎是让读者可以更清晰地看出每步计算的结果，这在满篇都是运算图形的书中尤为重要。

乘除法

接下来出现的运算符是乘法运算中的乘号“×”。乘号由英国牧师、数学家威

算盘

“算盘”一词来源于古代中东地区的“灰尘”一词。这说明距今至少有4000年历史的算盘在初期很可能是地上成行排列的卵石。随后，排列于地上的卵石逐渐进化为石板上的算珠，然后古罗马人和中国人在大约2000年前开始将算珠穿在细棍上。中式算盘是如今最为常见的算盘样式。与其他算盘一样，中式算盘利用细棍上的算珠来表示位值。标准的算盘有9根细棍，最大可以记录数字999999999。在算盘上计算两个数字的加法的方法如下：首先对个位数求和，如有必要则进位至十位。然后对十位数求和，以此类推。计算减法就将上述过程反过来。乘法就是计算特定次数的加法，而除法则需要计算除数可以从被除数（待除的数字）中取出多少次。

上图显示了用算盘计算的场景。世界上许多地方都单独发明过这种算术辅助工具。

基础符号

+	加号
−	减号
×	乘号
÷	除号
=	等号
	等号用处颇多，从等号又延伸出：
≠	不等号
≈	约等于号

廉·奥托兰特（William Oughtred，1574—1660年）于1618年引入。乘号“×”被称为“圣安得烈十字”，奥托兰特可能出于宗教原因选择了这种叉号。当然，早年的数学手稿中有时用两条交叉的直线连接数字，奥托兰特更可能是受此启发而选择这种叉号的。

除号“÷”又称为“短剑号”。起初除号的形状如同箭头或匕首，在印刷术发明之前主要由僧侣们在手抄书籍时使用。当抄录员发现手稿中有遗漏的词语时，他就会用短剑号进行标注，然后在页边空白处记录正确的词语。由于短剑号表示用一个数字来

如下图所示的股票交易所电子屏不断进行算术运算，用以传达经纪人买卖股票的信息。

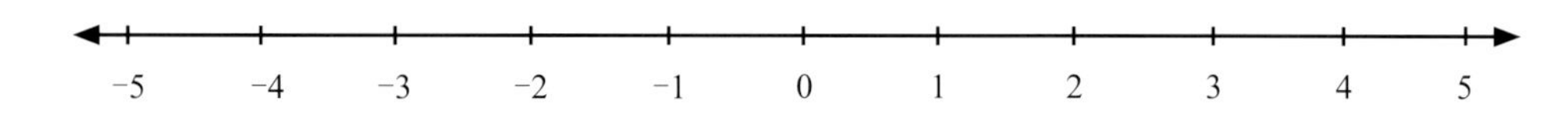

尽管数学家们起初认为负数难以想象，但将数轴延伸至左侧负数的思想与将其延伸至正无穷同样重要。

“切碎”另一个数字，因此后来逐渐变为代表除法的符号。到17世纪60年代，除号已经演变为水平线上下各有一点的现代记法。

负数

数轴上1、2、3等整数的左端是数字0。加一个数字对应于在数轴上向右移动相应的距离，而减法的移动方向与之相反：减法的结果在起点的左侧。但如果向左移动越过了0会怎么样呢？中国数学家使用负数的思想可追溯到近2000年前，但直至19世纪，西方数学家还认为负数在数学中不应有立足之地。人们不允许从1中减去2，因为1所代表的1个物体至多可以减去1个物体。但是，数学家们发现，如果不允许负数的存在，很多有趣的问题将无从解答，因此人们逐渐接受了负数（比0小的数）的存在。

负数与正数类似，只是在前面有一个“−”号（正数无须这种符号）。引入负数后，数字的总数翻了一番，因为与正数可以沿数轴向右侧无限延伸一样，负数也可以沿反方向延伸至负无穷。

对正负数进行加减法也可以从数轴上直观地进行：

点乘记号

在某些国家，乘号并非“×”，而是“·”（称为“间隔号”）。这种乘号形同英文句号，只是浮在两个数字中间，例如$3\times4=3\cdot4$。

加3意味着向右移动3个间隔，而加−3则意味着向左移动3个间隔。因此，$3+3=6$，而$3+(-3)=0$。实际上，加负数与减正数完全一样，即$3+(-3)=0$与$3-3=0$是一样的。对负数的减法也类似：$10-(-5)=15$与$10+5=15$是一样的。

负数的乘除法更为复杂。两个正数进行乘除的结果总是正数，同样，两个负数进行乘除的结果也总是正数，例如$(-2)\times(-5)=10$，因为负负得正。然而，如果乘法中包含符号不同的数字，那么结果总是负数，例如$10\div(-2)=-5$。

负数的加减法

对负数进行加减法时的法则就是“减去负数等于加上正数，加上负数等于减去正数”。

a. $-41+62=21$

b. $12-(-9)=21$

c. $-20+(-15)=-35$

d. $-11+30=19$

e. $24+(-12)=12$

f. $-3+(-16)=-19$

g. $6+(-22)=-16$

h. $13+(-13)=0$

i. $-199+199=0$

j. $16-(-3.5)=19.5$

乘法和因子

加减法是基于计数的。让一个数与数字1一次次地相加，本质上就是从这个数开始沿着数轴向右数数。但是乘除法需一次处理好几条数轴。数字1被称为“乘法单位”，因为任何数乘1还是自己。从数轴上看，乘1的运算需要1条数轴。乘2的运算需要2条数轴，即乘2就是将2条数轴上的数字相加。例如，2×10指先分别在2条数轴上数到10，然后再将2条数轴上的10相加得到20。乘法中的数称为“因子”，而乘法的结果称为“乘积”，例如2×10中，2和10就是乘积20的因子。

过去，负数对于西方数学家来说是未知的谜团，他们直到19世纪才接受了负数的存在。如今，连小孩子也知道如何对负数进行算术运算。

当因子的取值变大时，计算乘积的过程并不会改变，例如56×10就是每次数10，一共数56次。与加法一样，乘法也具有交换性。例如$56\times10=10\times56=560$。同时，乘法还满足分配律，也就是说，当运算涉及乘法和加减法时，先做乘法和后做乘法的结果是一样的。例如，$(2\times5)+(2\times3)=10+6=16$，与下述运算顺序的结果是一样：$2\times(5+3)=2\times8=16$。

除法

除法的概念在加减乘除四则运算中可能是最难理解的，因为除法可以用多种方式进行解释。同时，除法还会引入分数这种全新的数，而分数计算又需要新的运算法则，因为我们需要对比1小的数进行计算。除此之外，除法强调的是大数字是如何由小数字构造而成的，而这又促进了素数的发现（本书后续内容还会继续探讨素数）。

除法是乘法的逆运算。除法就是一个数（称为“被除数”）被另一个数（称为“除数”）除。除法的过程可以看作将数轴上被除数大小的线段平均分为除数份的子线段，而除法的结果就是子线段的长度。例如，$12\div6$意味着将12个单位长的线段分为6段，那么每段子线段的长度就是2个单位，因此$12\div6$的结果就是2。

因子

除法还可以用其他方式解释。它还可以被看作将被除数分为除数大小的小份，那

括号和运算符的顺序

当算术涉及多次运算时，括号就变得十分重要了。显然10×2=20，但10×2+5呢？究竟是20+5（结果为27）还是10×7（结果为70）？使用圆括号就是为了避免歧义。(10×2)+5说明先进行圆括号中的乘法，而10×(2+5)说明先计算2加5然后再将结果乘以10。算术运算只有按照特定的顺序进行才能得到正确的结果。常见算术运算的顺序是：括号、指数、除法和乘法、加法和减法。在复杂的算术运算中，括号中的数字先进行计算，然后其结果可用于算术运算中的剩余部分。指数指同一个数乘以自己的乘法运算。

乘法

乘法本质上是将同一个数多次相加的快速运算。在下图中，乘法计算的是3×2。这与将3条数轴上的数字2相加的结果是一样的。将运算中的所有数字相加，即可得到结果6。学习乘法表（例如1×3=3、2×3=6、3×3=9等）有助于理解如何将同一个数字多次相加，也可以极大地化简日常生活中的算术运算。

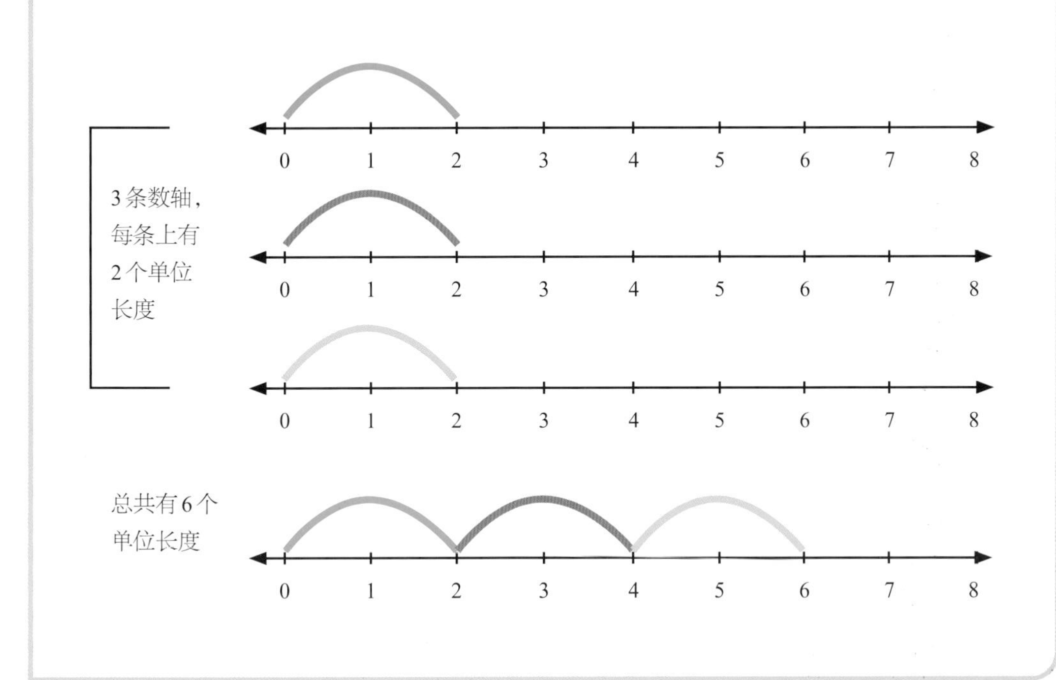

么能分的份数就是除法的结果。按照这种理解方式，12 ÷ 6 意味着从 12 中尽量多次地取出 6。此时我们能够取出两次，因此 12 ÷ 6 = 2。如果除数是被除数的因子，换言之，如果存在另一个整数使得除数与其相乘等于被除数，那么除法的结果恒为整数。例如，因为 6 × 2 = 12，所以 6 是 12 的因子，而且 12 ÷ 6 = 2。同时，这也说明 12 同时是 6 和 2 的倍数，因此在除法中将 6 和 2 交换后这两个因子的相互关系依然成立，即 12 ÷ 2 = 6。

无论有多少人，我们总可以通过将一块蛋糕分成小块的方式使得每个人都能得到一份，但显然盘子不能这样分。摆在盘子上的蛋糕有助于我们理解除法。盘子不能再被细分了，但蛋糕可以，此时得到的小份蛋糕就是分数。

分数

当除数不是被除数的因子时，除法的结果将不再是整数。例如，8 乘以任意整数都不等于 20，这说明我们无法将 20 平分为 8 份。或者这样理解，我们可以从 20 中取出两次 8，取完两次后余下 4。因此该除法可以这样表示：20 ÷ 8 = 2r4（这里的“r”代表余数，即除法余下的数）。这种公式在被除的事物无法进一步分解时十分实用。例如，要把 20 个盘子分给 8 个人，那么每个人将得到 2 个盘子。此时，继续分剩下的盘子是毫无意义的，因为破碎的盘子毫无用处。但是，如果是把 20 块蛋糕分给 8 个人呢？这样每个人将得到 2 块蛋糕，剩下的 4 块蛋糕可以再分成 8 份，每份是半块蛋糕。

除法

除法是将数字分解为其因子的过程。用5除10得2，这是因为2个5相加等于10。用这种方式进行除法运算简单易懂，但算术运算中的许多除法都会遇到一个用这种方式无法解决的问题。假如用4除10，那么10中可以取出2个4，同时剩下余数2。要解决余数的问题，我们必须知道如何描述比1小的数，这种数被称为“分数”。

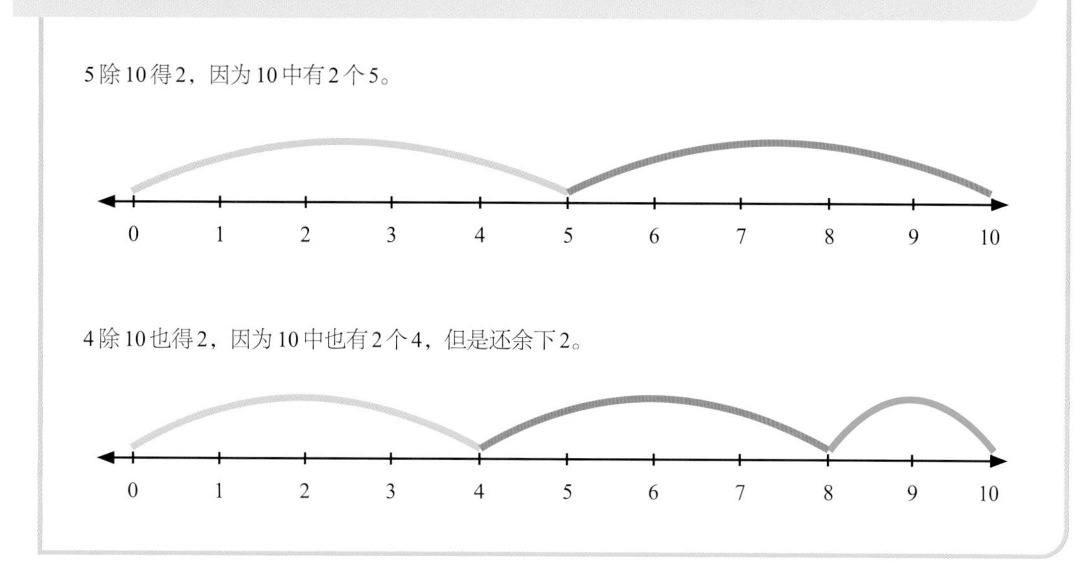

因此上述除法的精确解答是 $20 \div 8 = 2\frac{1}{2}$。这个计算结果就是一个分数，我们将在下一节中详细介绍分数。

奇数和偶数

每个数都可以一分为二，或者说用2去除。这样我们就可以将所有整数分为两类：能被2整除的整数称为“偶数”，所有偶数都是2的倍数；不是2的倍数的整数都是“奇数”（不能被2整除）。若要将奇数分成两份，得到的两个数要么相差1，要么是相同的两个分数。例如，10是偶数，因为10可以平分为2个5；而9是奇数，因为9要么分为4和5这两个整数，要么平分为两个分数 $4\frac{1}{2}$ 和 $4\frac{1}{2}$。偶数都可以通过将某个数乘以2得到，即将这个数加倍或者自己加自己。

同类数和异类数

奇数与奇数或偶数与偶数构成同类数。上文通过加倍得到偶数的方式可以推广至同类数，因为同类数相加肯定会得到偶数。任意整数加倍都不可能得到奇数。奇数与偶数构成异类数，而异类数相加时结果总是奇数。类似地，偶数减偶数恒为偶数，而奇数减奇数也恒为偶数。

偶偶数和奇偶数

偶数又可以进一步分为两类：偶偶数和奇偶数。偶偶数指除以2后得到偶数的偶数，除以2后得到奇数的偶数叫奇偶数。例如20就是偶偶数，因为20可以平分为2个偶数10。但10就是奇偶数，因为10平分后得到2个5。另外还有如下惯例：数字1是奇数，数字0是偶数。

素数

除法是探求整数内部因子的方法。例如，1是所有整数的因子，而2是所有偶数的因子。换言之，偶数都是2的倍数。乘法表列出了数字的倍数，例如2的倍数是2、4、6、8等，3的倍数是3、6、9、12等，而4的倍数是4、8、12、16等。因此，有些2的倍数同时也是3和4的倍数。但是，有些数字除自己作为第一项外永不出现在乘法表之中。换言之，这些数字只有两个因子，一个是1，而另一个就是自己。这种特殊的数被称为“素数”，素数在数学发展的历程中扮演着重要的角色。

素数的种类

连续素数：指数轴上间隔距离为1的素数对，唯一的连续素数是(2,3)。

孪生素数：指间隔距离为2的素数对，例如(3,5)和(71,73)。

表亲素数：指间隔距离为4的素数对，例如(3,7)和(277,281)。

素数三元组：指连续的三个孪生素数或表亲素数，例如(7,11,13)和(311,313,317)。

六素数：指间隔距离为6的素数对，例如(11,17)和(251,257)。

素数的分布

最小的素数是2，它也是唯一的素偶数，因为其他偶数都可以被2整除。下一个素数是3，因为它不能被2整除。然后是5、7、11、13等。100以内共有25个素数，而100以外的素数则有无限多个。目前已知最大的素数以数字1开头、以数字1结尾，中间还有24862046位数。

素数的分布毫无规律可言。在搜索诸如100000以上的大整数时，数学家们判断素数的分布是随机的。在数轴的很多区域上连一个素数都没有，然后可能突然冒出一个素数来，接下来又一个素数都没有；有的区域会出现一串素数。分析素数的分布毫无规

数学家卡尔·弗里德里希·高斯（Carl Friedrich Gauss，1777—1855年）在其素数定理中试图描述素数的分布。

试一试

埃拉托斯特尼筛法

在寻找素数方面没有捷径或公式。寻找素数时，必须检验每个数字是否有素因子。埃拉托斯特尼筛法是进行这种检验的一种方法。这种数字网格以约2200年前的古希腊数学家埃拉托斯特尼的名字命名。埃拉托斯特尼筛法首先将整数除以2，如果结果仍为整数，那么该整数就不是素数。此时在数字网格中划掉2的所有倍数。然后再考虑除以3、除以5、除以7等情况，直至网格中所有的合数都被划掉。此时，剩下的所有数字就都是素数了。右图中的筛法筛至数字120，而计算机可以轻易地筛至10亿。当然，对于数学家而言，10亿还只是一个很小的数字！

	2	3	4	5	6	7	8	9	10
11	12	13	14	15	16	17	18	19	20
21	22	23	24	25	26	27	28	29	30
31	32	33	34	35	36	37	38	39	40
41	42	43	44	45	46	47	48	49	50
51	52	53	54	55	56	57	58	59	60
61	62	63	64	65	66	67	68	69	70
71	72	73	74	75	76	77	78	79	80
81	82	83	84	85	86	87	88	89	90
91	92	93	94	95	96	97	98	99	100
101	102	103	104	105	106	107	108	109	110
111	112	113	114	115	116	117	118	119	120

素数

2 3 5 7 11 13 17 19 23
29 31 37 41 43 47 53 59 61
67 71 73 79 83 89 97 101 103
107 109 113

埃拉托斯特尼成名，不仅因其发现了寻找素数的方法，还因他曾测量地球的圆周。

社会与发明

梅森素数

数学家寻找新素数的努力从未间断。近年来新发现的素数大多借助了现代计算机的强大算力。经过实践检验，计算机十分适合寻找梅森素数这类素数。梅森素数以17世纪的法国数学家马林·梅森（Maren Mersenne，1588–1648年）的名字命名。除了数学家，梅森还有另一个身份，就是天主教会的修道士。梅森素数具有独特的性质，其形式为2自乘多次后（结果恒为偶数）减1。梅森素数与完全数也有密切的关系。

截至2020年，数学家已经发现了51个梅森素数。数学家也无法确定是否有无穷多个梅森素数。1952年，数学家利用计算机首次发现了梅森素数。2009年，美国加州大学洛杉矶分校的研究人员发现了含有1000万位数的梅森素数，并因此获得了5万美元的奖金。互联网梅森素数大搜索（Great Internet Mersenne Prime Search，GIMPS）项目是人们利用计算机寻找梅森素数的尝试。2018年12月，该项目成功发现了迄今为止最大的素数，它共包含24862048位数。

科学词汇

加法：将两个或多个数结合得到一个总和的过程。

被除数：除法运算中的第一个数，即被除的那个数。

除法：将一个数分割为大小相等的小集合的过程。

除数：除法运算中的第二个数。

因子：可以相乘得到一个大数的若干小数之一。

倍数：通过将小数相乘得到的大数。

乘法：将一个数复制多份后相加的过程。

运算：操作数的一项技术。

乘积：乘法运算的结果。

减法：从一个数中取出另一个数并确定两者之差的过程。

律可言（或者找到其潜在的分布规律）的原因是数学这个学科中最大的谜团之一。

素因子

不是素数的整数称为“合数”，它们是由唯一的素数集合中的数字相乘得到的，这些素数称为“素因子”。例如，最小的合数是4，它的素因子是2（因为$4=2\times2$）；6的素因子是2、3（因为$6=2\times3$）；10的素因子是2、5（因为$10=2\times5$）；72的素因子是2、3（因为$72=2\times2\times2\times3\times3$）。任意整数的全部素因子可以由如下方式计算：首先用可整除该整数的最小素数除该整数，得到一个新整数，然后再用可整除该新整数的最小素数除该新整数，以此类推，直至得到的新整数本身是素数。

例如，135不能被2整除，但可以被3整除得45。然后45可以被3整除得15，而15除以3得5。因此135的素因子是3、5

信息安全与素数

网络加密利用大素数来保证信息在互联网中传播的安全性，此时用到的大素数通常有成百上千位之多。这种密码的密钥由两个很大的素数构成，它们相乘将得到一个特殊的合数。这个合数看上去十分普通（除了它是一个异常大的整数），但实际上它只有两个素因子。如果某人知道这两个素因子，那么他就能解密被加密的信息；但如果他不知道，那么想找到这两个素因子需要花费巨大的努力。首先试试2是不是素因子，然后试3, 5, 7, 11, 13，…，但这个大整数如此庞大，以至于即便是当今最快的计算机也要花几百年的时间才能找到这两个素因子。这种密码可以看作我们当今计数法的一个副产品。

密码体系使用素数来构建实际上完全无法破译的序列，即便是意志最坚定的黑客也无能为力。

（$135=3\times3\times3\times5$）。

完全数

数学家认为有些整数的特殊属性十分重要（甚至可以说数学家认为其具有魔性）。完全数就是这样一种数：将其除自身外的所有因子求和等于自身的整数。例如，6的因子（除自身外）是1、2、3（因为$1\times2\times3=6$），而8的因子（除自身外）是1、2、4（因为$1\times2\times4=8$）。然而，6是完全数而8不是，因为6（除自身外）的所有因子求和还是6，即$1+2+3=6$，但8（除自身外）的所有因子求和不是8，即$1+2+4=7$。另外28、496和8128也都是完全数。

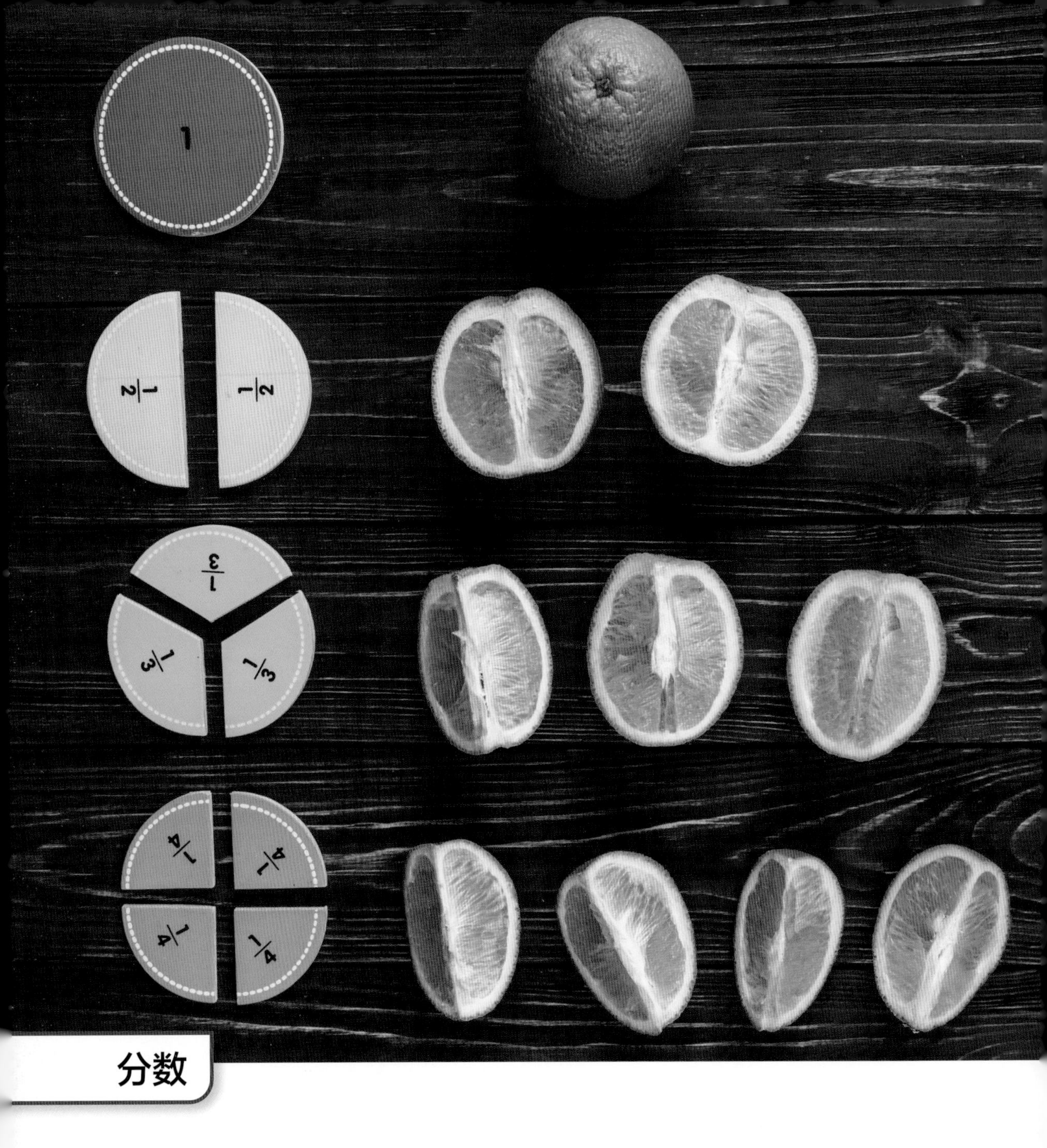

分数可以看作整体的部分，例如用不同的方式切水果将得到不同数目的水果块。

分数

除法的结果并非总是简洁的整数，多数情况下，其结果是介于两个整数之间的某个精确值。以这种方式构造的数称为“分数”。分数在切水果、计算运动项目的平均分等日常生活场景中随处可见。

分数是包含比1小的数值的数。常见的分数包括二分之一、三分之一、四分之一等。二分之一就是将1除以2得到的数值，而三分之一和四分之一分别是将1除以3和4得到的数值。上述分数的数学表达式分别是$1/2$、$1/3$和$1/4$（除法中的$1/1$并没有将1分解为更小的数值，因此它不是分数）。上述表达式中的1称为“分子”，而下方的数字则

真分数和假分数

分数在数轴上位于整数之间的间隔中。数轴上有足够的空间来表示两个一半、三个三分之一等。位于0和1之间的分数称为“真分数”，真分数的分子总比分母小。当分子和分母相等时，分数等于整数1。像$3/2$、$4/3$这种分子比分母大的分数称为“假分数”。假分数所对应的除法结果是一个整数附上一个真分数。例如，$3/2=3\div2=2/2+1/2=1\frac{1}{2}$，而$4/3=4\div3=3/3+1/3=1\frac{1}{3}$。

1								
$\frac{1}{2}$	$\frac{1}{2}$							
$\frac{1}{3}$	$\frac{1}{3}$	$\frac{1}{3}$						
$\frac{1}{4}$	$\frac{1}{4}$	$\frac{1}{4}$	$\frac{1}{4}$					
$\frac{1}{5}$	$\frac{1}{5}$	$\frac{1}{5}$	$\frac{1}{5}$	$\frac{1}{5}$				
$\frac{1}{6}$	$\frac{1}{6}$	$\frac{1}{6}$	$\frac{1}{6}$	$\frac{1}{6}$	$\frac{1}{6}$			
$\frac{1}{7}$	$\frac{1}{7}$	$\frac{1}{7}$	$\frac{1}{7}$	$\frac{1}{7}$	$\frac{1}{7}$	$\frac{1}{7}$		
$\frac{1}{8}$	$\frac{1}{8}$	$\frac{1}{8}$	$\frac{1}{8}$	$\frac{1}{8}$	$\frac{1}{8}$	$\frac{1}{8}$	$\frac{1}{8}$	
$\frac{1}{9}$	$\frac{1}{9}$	$\frac{1}{9}$	$\frac{1}{9}$	$\frac{1}{9}$	$\frac{1}{9}$	$\frac{1}{9}$	$\frac{1}{9}$	$\frac{1}{9}$

不同的分数有时彼此关联，有时无法配对。在计算分数的加减法时，数学家会利用最小公分母进行通分。

称为“分母”，这种方式适用于所有分数。

古代数学思想

所有分数都涉及将数字1分解为若干个更小的部分。“分数”一词的英文单词fraction来源于拉丁文fractus，原意是“破碎的”。然而，分数的历史比古罗马时代还要久远得多。实际上，是古埃及人首次认为数不一定非要是整数的。他们有两种书写分数的方式。

第一种方式是利用一系列记号来代表分数，每个分数是前一个分数的一半：$1/2$、$1/4$（一半的一半）、$1/8$、$1/16$、$1/32$等。人们最初认为这些记号是从古埃及最广为人知的图形“荷鲁斯之眼”上截取出来的，但其他人则认为“荷鲁斯之眼”与分数记号的相似纯属巧合。

第二种方式是在代表嘴的符号下面写

古埃及“天空之神”荷鲁斯（上图右侧）的眼睛曾被认为与分数的表达式有关。

古埃及数字

古埃及人用由各种符号构成的象形文字来表示字母和数字。它们将数字以 10 为一组进行分组。数字 1 到 9 用相应数量的线表示，数字 10 则用牵牛绳表示，而数字 100000 则用青蛙或蝌蚪表示。古埃及数字中的分数常用代表嘴的符号表示分子，将代表分母的符号记于嘴下。

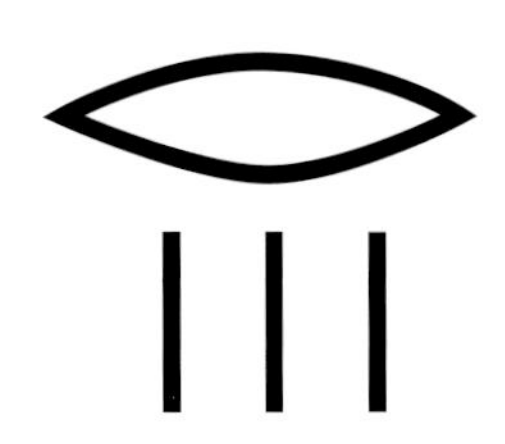

古埃及分数。代表嘴的符号表示分子 1，分母是代表 3 的 3 条线，因此该分数是三分之一。

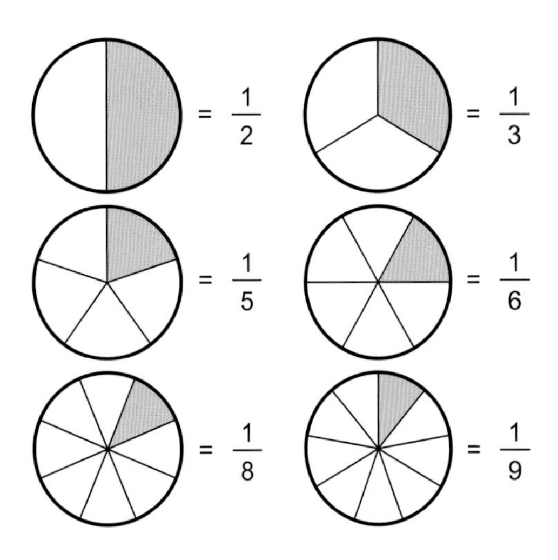

分圆可帮助理解分数及以分数为部分构成整体的方式。

上数字。这里的嘴代表整数 1，而下方的数字则说明要将整数 1 平分为多少份。

这与当今将分数写作分子分母的形式如出一辙。现代数学中分数的记法实际上源于大约 1300 年前的古印度。

局限性与规则

古埃及计数法中的分数只允许使用分子为 1 的单位分数。除了三分之二（$^{2}/_{3}$）和四分之三（$^{3}/_{4}$），其他所有非单位分数只能通过单位分数相加得到。另外，古埃及的数学还禁止在上述加法中使用分母相同的分数，因此 $^{3}/_{5}$ 不能简单地表示为 $^{1}/_{5}+{}^{1}/_{5}+{}^{1}/_{5}$，而必须使用分母不同的分数表示，例如 $^{1}/_{2}+{}^{1}/_{10}$。

与之相对的是，古巴比伦的数学中的分数只能以 60 为分母，因此二分之一是 $^{30}/_{60}$，而古罗马的数学则几乎只用 12 为分母。顺便说一句，古罗马语中表示十二分之一的单词是 uncia，它是欧洲的老式度量单位盎司（ounce）和英寸（inch）两个词的来源。

分数运算

分数的运算与整数基本相同，只是需要额外的技巧来保证运算正确。古埃及数学中的分数 $^{1}/_{2}+{}^{1}/_{10}$ 并非分数求和，因为它不符合当时的相应规则。如今，我们自然可以计算这两个分数之和，问题是它们在这种形式下所代表的数量并没有关系：$^{1}/_{2}$ 指将 1 平分为 2 份，而 $^{1}/_{10}$ 指将 1 平分为 10 份。将这些看上去并无关系的数量相加似乎毫无意义。问题是，这两个分数的大小之间究竟有什么关系？

要想发现它们的关系，我们必须将这

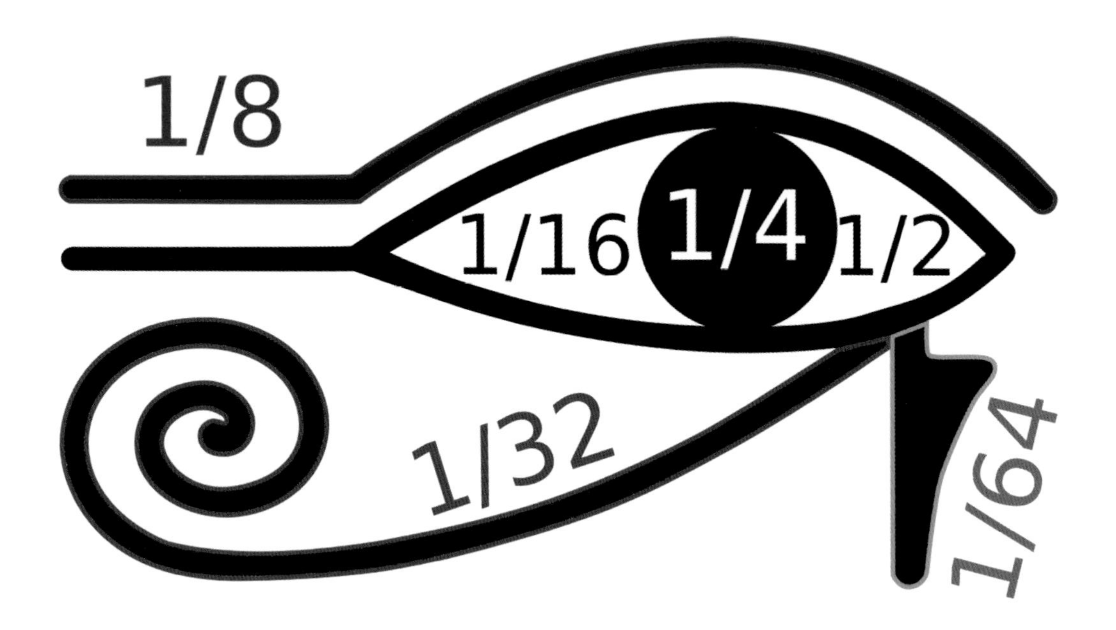

人们时常认为古埃及图形“荷鲁斯之眼”与分数有关。如今，数理逻辑学家在各种场合中仍会使用该图形。

两个分数转换成分母相同的形式。为此我们需要找到同时是两个分母的倍数的最小整数，这就是最小公分母。最小公分母是进行分数运算的关键。

最小公分母

分母是位于分数下方的数字，它表示数字1被平分为多少份。我们可以通过将分数的分母转换为其倍数的形式使分母变大，也可以通过将其转换为因子的形式使分母变小。

最简单的例子就是$1/2$。这个分数可以通过将分母变为2的倍数进行转换，例如$1/2 = 2/4 = 3/6 = 4/8$等。上述转换中分子、分母将同乘以一个整数。要想计算$1/2 + 1/4$，我们需要找到两个分数的最小公分母，它是4。因此$1/2 + 1/4 = 2/4 + 1/4 = 3/4$。那么，$1/2 + 1/3$如何计算呢？数字3不是2的倍数，它们的最小公分母是$2 \times 3 = 6$。此时求和过程是$1/2 + 2/3 = 3/6 + 4/6 = 7/6$，这里的计算结果是一个假分数，它等于$1\,1/6$。

正如上述运算所示，分数运算中分母从不相加，在计算$1/2 + 2/3$时只有分子相加来计算究竟有多少个六分之一。为了更好地理解这种计算方法，我们可以将整数也看作分母为1的分数。此时1就是$1/1$、2就是$2/1$，而其他的整数分别是$3/1$、$4/1$、$5/1$等。以分数表示时，$2 + 3$实际上就是$2/1 + 3/1$。此时分母是相同的，因此不需要计算最小公分母，只需直接对分子求和即可得到$5/1$，即整数5。

一部分是整数、一部分是分数的数的求和也可以分两部分进行，即先计算整数部分，再计算分数部分。如果分数部分求和的结果大于等于1，那么再将1加到结果的整数部分。例如，$2\,3/4 + 1\,1/2 = (2 + 1) + (3/4 + 2/4) = 3 + 1\,1/4 = 4\,1/4$。

除了不满足交换律，分数的减法与加法完全一样。例如，在计算$5/6 - 1/3$时，先找

计算最小公分母

计算最小公分母主要有两种方法。第一种方法虽简单易学，但较为耗时。首先将两个分母的所有倍数都列出来，然后在两列倍数中同时出现的第一个数就是最小公分母。

$$\frac{1}{5} \quad 10, 15, 20, 25, \cdots$$

$$+$$

$$\frac{1}{3} \quad 6, 9, 12, 15, 18, \cdots$$

最小公分母为15。

另一种更为快速的方法是计算两个分母的最小公因子。我们先列出两个分母的所有因子，此时我们应当可以很快在两列因子中找出同时出现的最小因子，它就是最小公因子。将两个分母相乘后再除以最小公因子，结果就是最小公分母。

$$\frac{1}{6}+\frac{1}{10}$$

最小公因子为2。

$$(2\times3=6), (2\times5=10)$$

然后计算分母之积：

$$6\times10=60$$

用最小公因子（此处为2）除上述乘积：

$$60\div2=30$$

最小公分母为30。

古埃及人利用分数计算缴税时该上缴多少谷物。

到两个分数的最小公分母6，此时上述减法变形为$5/6-2/6$，结果为$3/6$。

因为3是6的因子，所以$3/6$可以进一步化简为分母更小的单位分数。此时分子3变为1，分母6变为2，即$3/6=1/2$。综上所述，$5/6-1/3=1/2$。

乘除法

相较于加减法，分数的乘除法要简单得多。这是因为分数本身就是简易的除法运算，例如 $1/2$ 的意思就是 $1 \div 2$。

因此分数的乘法只需分别将分子相乘、分母相乘即可，例如 $1/2 \times 2/3 = (1 \times 2)/(2 \times 3) = 2/6$，可化简为 $1/3$。实际上此处的计算十分直观。将任意数乘以一半意味着将其平分成两份，因此乘以 $1/2$ 实际上就是计算给定数的一半。$2/3$ 的一半就是 $1/3$。与之类似，分数与整数相乘也十分简单。

$$4 \times 1/5 = 4/1 \times 1/5 = (4 \times 1)/(1 \times 5) = 4/5$$。

然而，有些分数乘法可能十分繁杂，导致乘积很大。例如，计算带分数的乘法时需要先将其转化为假分数：

$$1\,2/3 \times 3\,1/4 = 5/3 \times 13/4 = (5 \times 13)/(3 \times 4) = 65/12$$。

为了化简结果，我们还需要计算分子对分母的除法 $65 \div 12 = 5r5$，因此最终结果是 $5\,5/12$。

翻转分数

分数除法的概念难于理解，但幸运的是，计算时可以巧妙地将除法运算转化为简单的乘法运算。例如，$1/3 \div 1/2$ 究竟要计算什么？多少个一半合起来是三分之一？还是三分之一可以平分为多少个一半？答案显然应当小于1，但与整数除法相比，分数除法更加难以理解。因为乘法是除法的逆运算，所以在计算整数的乘除法时，乘法和除法可以相互转换。例如，某个数除以2意味着计算该数的一半，因此 $1 \div 2 = 1 \times 1/2$。分数除法也可利用乘除法逆运算的关系，只不过我们要将分数进行翻转，例如 $1 \div 1/2 = 1 \times 2$。

再回到之前的例子，$1/3 \div 1/2$ 等同于 $1/3 \times 2/1$，显然该乘法的结果为 $2/3$。因此 $1/3 \div 1/2 = 2/3$，也就是说数字 $1/2$ 的三分之二等于数字 $1/3$。

上图是荷兰数学家西蒙·斯蒂文的雕像。他在16世纪末设计出基于10的计算分数的方法，这就是十进制。

有理数

整数（包含正整数和负整数）、0和分数都是有理数。顾名思义，有理数指有道理的数。有理数之所以得名是因为其他数都是无理的，即毫无道理可言。按照定义，有理数总可以写作分数的形式。整数是分母为1的有理数。

十进分数

分数计算十分麻烦的根源在于其分母是将单位1平分为不同的份数。在进行分数的加减法时，我们需要首先计算最小公分母来使分母变得一样。那么是否有一种简便的方式来表示非整数的数呢？1585年，荷兰数学家西蒙·斯蒂文（Simon Stevin，1548—1620年）想到了一个好办法。他称之为“十分之一的艺术”，如今被称为“十进制”。

十进制数所使用的位值基于10，例如十进制数4321指包含4个1000、3个100、2个10和1个单位的整数。斯蒂文的办法也可推广至比1小的位值，包括十分之一、百分之一、千分之一等。斯蒂文所采用的记号相当复杂，如今十进制数的分数部分用其左侧的小数点标记，例如4.321指包含4个单位、3个十分之一、2个百分之一和1个千分之一的数。换言之，它等于$4^{321}/_{1000}$。

分数表示与十进制表示

与分数表示相比，使用十进制表示分数可以极大地简化计算过程，这点在使用计算器时尤为明显。利用十进制进行分数计算与整数计算如出一辙，只需注意结果中小数点的位置即可。例如，½的十进制表示是0.5（如同$^5/_{10}$）、¼的十进制表示是0.25（如同$^{25}/_{100}$），而⅛的十进制表示是0.125（如同$^{125}/_{1000}$）。因此½+¼=0.5+0.25=0.75。

十进制表示还可以精确地表示在其他体系中难于表示的数。例如十分之一是0.1、2个百分之一是0.02，而36个百万分之一是0.000036。

循环小数

尽管十进制表示易于使用，但在其他方面，它却不如分数表示那么实用。当分母不是10的因子或倍数时，分数的十进制表示就不那么奏效了。

三分之一（⅓）无法简单地化为十进制表示，因为3无法整除10、100、1000等，无论怎么除，余数都是1。因此要将⅓用十进制表示，其初始部分应当是0.3。又因为10÷3=3r1，余数1将移至下一位值，成为百分之10。又因为3除10余1，所以接着写十进制表示会变为0.33，此时余数1继续移至下一位值。如此反复，最终三分之一的十进制表示是0.33333333…，这里的3无限循环。这样的数称为“循环小数”，例如$^1/_9$的十进制表示是0.111…，而$^1/_{11}$的十进制表示是0.0909…。

百分数

一种化简分数的常用方法是使用百分数。百分数以百分之一为单位（记作%），指将整数1平分为100个单位。这样，分数就可以用基于100的比例关系来表示了。例

百分数很容易理解。图中的商店正在将商品以原价格的80%（$^{8}/_{10}$）促销。

如，全部就是100%，而百分之一就是1%。

只需将分数的十进制表示乘以100%即可获得其百分数表示，例如一半（二分之一）的百分数表示是$0.5 \times 100\% = 50\%$，而三分之一的百分数表示是$0.333\cdots \times 100\% \approx 33.333\%$，后者经常四舍五入为33.3%。显然，百分数表示中%前的数再除以100就可以得到十进制表示。百分数是以100为分母的分数，因此将真分数化为百分数时需要将分母转化为100，例如$^{1}/_{4} = ^{25}/_{100} = 25\%$。

比例与百分数

计算比例的百分数表示实际上是进行形

倒数

一个单位分数是一个整数的倒数。例如，2的倒数是$1 \div 2$或$^{1}/_{2}$。进一步来说，2等于1×2，而2的倒数是$1 \div 2$。与之对应的是，每个单位分数的倒数都是整数，例如3是$^{1}/_{3}$的倒数。一般的分数也有倒数，例如$^{3}/_{4}$的倒数是$^{4}/_{3}$。验证一个数是否为另一个数的倒数，只需看它们的乘积是否为1。例如$4 \times ^{1}/_{4} = 1$，而$^{4}/_{3} \times ^{3}/_{4} = ^{12}/_{12} = 1$。倒数常用于化简运算，因为乘以一个整数比除以一个分数要简单得多。

式的转化。计算12在25中占多大比例，意味着计算 $^{12}/_{25}$ 的百分数表示，即 $(^{12}/_{25}) \times 100\% = 48\%$。计算25的48%是多少，则是 $(^{48}/_{100}) \times 25 = 12$。如果想计算25与其48%的和为多少，只需要计算25与1.48的乘积，即 $(100+48)/100 \times 25 = 37$。

比例

比例是比较两个数量的一种方法，其表达式通常是一个分数。比例以用比例号隔开的两个数来表示。英文“ratio fun”中两个单词中字母个数的比例是5∶3，而英文“humpbacked whales”中两个单词中字母个数的比例也是5∶3。当然，第二个例子中原始比例是10∶6，它可化简为5∶3。该比例也可以用分数 $^5/_3$ 表示。

按比例缩放的图画或地图就是比例的一个应用实例。一幅精细的地图的比例尺可能是1∶25000。这个比例说明地图上的1厘米代表现实世界中其25000倍的长度，即250米。比例尺越大，比例中的第一个数就越大。例如某幅图画的比例尺是100∶1，这说明画中事物的大小是其真实大小的100倍。

舍入

有些十进分数可以无限延展，变得十分繁杂，此时对数字进行舍入将十分便捷。舍入会降低数字的精度，但同时也减少了数字的位数，使得计算更加简单。十进分数可以对任一指定的小数位进行舍入。将12.3454321舍入到第3位小数的结果是12.345。原数字的第4位小数是4，进行舍入时第3位小数保持不变。当将该数舍入到第2位小数时，其第3位小数是5，此时进行舍入将得到结果12.35，因为将12.3454321舍入为12.35比12.34更为精确。除小数位外，数字也可以舍入至指定位的有效数字。进行舍入时需遵循“四舍五入”的原则，即数字0到4代表上一位不变，而数字5到9代表上一位加1。在舍入时需要考虑数字中的所有位数。例如，12.3是上例中数字舍入到3位有效数字的结果，而12是其舍入到2位有效数字的结果。

科学词汇

小数： 实数的一种特殊表现形式。所有分数都可以表示成小数。

分母： 分数中下方的数字。

分子： 分数中上方的数字。

百分数： 在100份中所占的份数。

比例： 比较两个数量大小的一种方法。

黄金分割

比例可用于理解整体是如何被分割的。例如按照1：1的比例分割整体，其结果与平分成两份是一样的；按照3：1的比例分割则意味着切下四分之一，留下四分之三。在后面那个举例中，较小部分是较大部分的三分之一，还有一种描述方式是说明两部分的比例是3：1。想象一下，对整体做如下分割：使得较小部分与较大部分的比例等于较大部分与整体的比例，这样的比例称为“黄金分割”。黄金分割的数值无法精确写出，因此我们用希腊字母φ来表示。黄金分割约等于0.618，因为1÷1.618=0.618，这说明0.618：1=1：1.618。人们在各式各样的建筑和设计中运用黄金分割，创造宽度和高度匀称的理想形状。信用卡就是短边、长边满足黄金分割的长方形。

列奥纳多·达·芬奇（Leonardo da Vinci，1452—1519年）在其素描作品《维特鲁威人》中描绘出比例接近黄金分割的男性身体。

基底和乘方

当今主要的计数法是十进制计数法，其基底是10，因为该计数法的基础是将10个物体组成一组进行计数。数字可以乘以基底10变大，也可以除以基底10变小。但是，有时别的基底比10更加实用。

十进制数由0到9这10个数字单位构成。没有单独的符号对应数字10，实际上数字10写作10，是由两部分构成的。10这种表示说明该数字包含1个10和0个1。同样地，包含9个10和9个1的数字是99。99加1将得到100，它表示1个100、0个10和0个1。以此类推，十进制计数法还包括1000、10000等。任意数字乘以10意味着将该数字的所有位数向下一位值移动，然后在个位填0。

计算机的出现使得计算数字的乘方和平方根较先前简便许多。

例如，4×10意味着将4个单位1中的每个单位1换成10，因此总数为40。我们发现，任意整数乘以10，只需在其末尾填一个0，而乘以100则需在其末尾填两个0。乘以1000、1000000等任意位值时填0的规律是类似的。

10的乘方

十进制中的所有位值都是10自乘的结果，例如10是1×10、100是$1 \times 10 \times 10$、1000是$1 \times 10 \times 10 \times 10$等。这种数字间的关系可以用乘方进行化简，例如100是10^2，它代表10的2次方、1000是10^3、1000000是10^6。乘方的次数常被称为“指数”。我

们注意到，上述例子中的指数与相应数值中0的数目是一致的，这说明10的多少次方可以通过数数值中0的个数来计算。例如，10000是10^4。10本身就是10^1，此时其指数常常省略不写。另外，10^0等于1。实际上，任意数的0次方都等于1。

标准形式

利用10的乘方可以十分便捷地处理很大的数。例如，300万可记作3×10^6、40亿可记作4×10^9、5万亿可记作5×10^{12}，这显然比写出3000000、4000000000、5000000000000要简单得多！

这种利用10的乘方记录数字的方式称为“标准形式”，即我们通常所说的科学记数法，它同样适用于很长的十进分数。例如，0.0000000543可记作5.43×10^{-8}。比1小的十分之一、百分之一、千分之一等位值用10的负乘方表示，例如10^{-1}等价于$1 \times 1/10^1$，而0.001是10^{-3}，诸如此类。按照这种方式，标准形式6×10^{-1}等于0.6、7×10^{-2}等于0.07、8×10^{-3}等于0.008。

平方数

我们可以计算任何数的乘方。这种数学运算称为“取幂”。指数用上标表示，写在按正常大小书写的数字的右上方。指数说明主数字自乘多少次。例如，2^2指2×2，而$2^3 = 2 \times 2 \times 2$。2次方通常被称为“平方”，这种称呼来源于几何学这门有关形状的数学学科。

想象一条长度为2的线段，那么“将2平方”意味着在这条线段右侧垂直地放置另一条长度为2的线段，这两条线段就

古戈尔（Googol）

“古戈尔”这个听起来很搞笑的词实际上指10^{100}这个数字，即1后面加上100个零。这个名字是美国数学家爱德华·卡斯纳（Edward Kasner，1878—1955年）9岁的侄子米尔顿·西罗蒂（Milton Sirotta）在1940年起的。当时，卡斯纳让米尔顿为这个天文数字起一个听上去很奇怪的名字。1988年，谷歌公司的创始人决定采用这个天文数字的名字来命名新公司，来反映公司的业务是提供海量的网络搜索。但是，他们在申请公司名时把单词古戈尔给“拼错”了！

卡斯纳用古戈尔来展示数字究竟可以大到什么程度。例如，整个宇宙的重量是1.5×10^{53}千克，但即便是这么庞大的数字，古戈尔仍是其6.7×10^{47}倍。虽然古戈尔是天文数字，但它跟另一个数字古戈尔普勒克斯（googolplex）相比，简直不值一提。古戈尔普勒克斯指$10^{\text{古戈尔}}$，也就是1后面加上古戈尔个零。假如我们能把这个巨大无比的数写下来，那么所用的纸将比整个宇宙还要重！

爱德华·卡斯纳让他的侄子为一个天文数字起名字，于是单词“古戈尔”应运而生。

《砺智石》

1557年，威尔士数学家罗伯特·雷科德出版了数学著作《砺智石》。“智”就是智慧的“智”，“砺”是磨砺的“砺”，雷科德的著作旨在让读者学习数学、磨砺心智。雷科德在书中介绍了一种乘方的老式命名方法。他将2次方称为“增子”（zenzic）或“平方”，将3次方称为“立方”（cube），其他素数次方称为“色素力德”（sursolid），例如5次方是第一色素力德、7次方是第二色素力德等。当乘方为合数时，这种命名方式将变得异常复杂。例如，6次方是“增子立方”（zenzicube）、8次方是“增增增子”（zenzizenzizenzic），而24次方是“增增增子立方”（zenzizenzizenzicube）。这么一比，我们如今的指数记法要简单得多。

Indices.	Characters.	Signification of the Characters.
0	N	An Abfolute Number, as if it had no Mark.
1	℞	The Root of any Number.
2	ʒ	A Square.
3	ȼ	A Cube.
4	ʒʒ	A Squared Square, or Zenzizenzike.
5	ʃβ	A Surfolide.
6	ʒȼ	A Squared Cube, or Zenzicube.
7	Bʃβ	A Second Surfolide.
8	ʒʒʒ	A Zenzizenzizenzike, or Square of Squared Sq
9	ȼȼ	A Cubed Cube.
10	ʒʃβ	A Square of Surfolids.
11	Cʃβ	A Third Surfolide.
12	ʒʒȼ	A Zenzizenzicube, or Square of Squared Cubes
13	Dʃβ	A Fourth Surfolide.
14	ʒBʃβ	A Square of Second Surfolids.
15	ȼʃβ	A Cube of Surfolids.
16	ʒʒʒʒ	A Zenzizenzizenzizenzike, or Square of Squar
17	Eʃβ	A Fifth Surfolide.
18	ʒȼȼ	A Zenzicubicube, or Square of Cubick Cubes.
19	Fʃβ	A Sixth Surfolide.
20	ʒʒʃβ	A Square of Squared Surfolids.
21	ȼBʃβ	A Cube of Second Surfolids.
22	ʒCʃβ	A Square of Third Surfolids.
23	Gʃβ	A Seventh Surfolide.
24	ʒʒʒȼ	A Square of Squares of Squared Cubes, or a Zenzizenzizenzicube.
&c.	&c.	

上图为罗伯特·雷科德的著作《砺智石》中的一页。作者在研究乘方和素数的使用方法时乐在其中。

立方体是重要的数学思维工具，因为平面外第三个维度的引入使得我们需要考虑空间中物体的形状。

成了一个正方形的两条边（因为正方形的各条边的长度都相等）。此时边长为2的正方形的面积就是$2\times2=4$。如果我们不用几何上画线的方法，而改用算术运算，那么“将2平方”就是$2^2=2\times2=4$。计算平方将得到平方数，平方数是某个整数平方得到的数。

例如，1是平方数（因为$1\times1=1$），而0也是平方数（因为$0\times0=0$）。当然0和1都是平方数的特例，这点我们在后续章节中另做介绍。

高次方

2次方的几何解释是计算由线段构造的正方形的面积，那么3次方的几何解释就是计算所构造的立方体的体积。此时，我们将在与已构造的正方形垂直的方向上放置

长度为2的线段，来构造一个立方体。那么其体积就是$2\times2\times2=2^3=8$。因为体积仅在三维空间中有意义，所以4次及4次以上的乘方不再像2次方或3次方那样有直观的几何解释。我们就将其称为“4次方”“5次方”等。

自乘后得到平方数的数被称为“平方根”，用$\sqrt{\ }$表示。因为$2^2=4$，所以4的平方根就是2。

数字的3次方根称为“立方根”（用$\sqrt[3]{\ }$表示）。实际上，由取幂构造的任意数字均有根（如3次根$\sqrt[3]{\ }$、4次根$\sqrt[4]{\ }$、5次根$\sqrt[5]{\ }$等）。然而，若不用计算器，仅手算是很难进行求根运算的。

指数法则

计算乘方的乘法比想象的要简单。例如，$5^3\times5^7$第一眼看上去似乎令人十分头疼，因为本质上我们要计算125×78125。但是，乘方的乘法可以通过将指数求和来化简，因此$5^3\times5^7=5^{3+7}=5^{10}=9765625$。与之类似，计算乘方的除法可以通过将指数相减来化简。例如$4^5\div4^4=4^1$，而$4^5\div4^5=4^0=1$（注意，任何数的0次方都是1）。

上述运算法则称为“指数法则”，它由古希腊数学家阿基米德在其论文《数沙者》中首次证明。在这篇论文中，阿基米德尝试计算究竟需要多少粒沙子才能填满宇宙。为了化简计算，阿基米德仅使用10的乘方，此时指数法则很容易理解。例如，$10^3\times10^3$就是1000×1000，一千个一千等于一百万，即$10^3\times10^3=10^6$。阿基米德计算出，填满宇宙需要10^{63}粒沙子，只是他所认定的宇宙也就比太阳系大一点。

上图为描绘阿基米德计算填满宇宙需要多少粒沙子的画作。

无理数

计算根的主要困难在于很少有根是整数或分数，而我们知道，整数和分数都是有理数。实际上，根往往是无限长的小数。我们永远也无法从头到尾把它们写出来，只能对其进行舍入。为此，数学家将这些数称为“无理数”。第一个被发现的无理数是 $\sqrt{2}$ 。什么数的平方是2呢？答案是1.41421356237…。有趣的是，谷歌公司在2004年决定出售14142135股股票，也就是约等于 $\sqrt{2}\times10^7$ 股。

大部分整数的平方根或立方根都不是整数，但我们可以计算其近似值。要计算平方根或立方根，首先要仔细估计一个与目标值相近的数。此时使用乘法表十分有效，因为乘法表中也包含数的自乘。9、16、25等数字的平方根显然是3、4、5。但数字21的平方根是多少呢？它的平方根应该比5小，因为 $5=\sqrt{25}$ ，也应该比4大，因为 $4=\sqrt{16}$ 。由于21大致位于16和25的中间，因此我们可以先猜测 $\sqrt{21}$ 约等于4.5，即16和25的平方根4和5中间的数。

4.5的平方是20.25，比21小，因此 $\sqrt{21}$ 应该比4.5大。再继续试4.62，我们发现它平方后得到21.16，又太大了。继续取4.5和4.62中间的数4.55，它的平方是20.7，又小了点。每次尝试都使我们离最终答案4.58（也是个近似值）越来越近。上述估计

不用计算器求根十分耗时且困难。

试错的过程同样适用于计算立方根和更高次的根，只是猜测时要计算更高次的乘方，因此这种计算方法异常耗时耗力。

虚数

取幂的结果肯定是正数，没有负的平方数。这是因为平方意味着自乘，因此 $2\times2=4$、$(-2)\times(-2)=4$。虽然 $2\times(-2)=-4$，但该式并非自乘。从上面平方的例子可以发现，任意数均有两个平方根，例如 $\sqrt{4}=2$ 和 -2，即 ±2，这里的符号 $\pm$ 指“正负号”。同理，$\sqrt{1}=\pm1$。早在16世纪，数学家就发现一些复杂的计算会涉及各种乘方，而最终答案只可能是 $\sqrt{-1}$，但是 -1 没有平方根呀！为了解决这个问题，意大利的吉罗拉莫·卡尔达诺（Girolamo Cardano，1501—1576年）凭空创造了一个被记作 i 的新数，它满足性质 $i=\sqrt{-1}$。我们知道，有理数和无理数共处一条数轴（可称为“实数轴”）上，而这个新数 i 和其他虚数则处于另一条数轴（可称为“虚数轴”）上。这两条数轴相交且仅相交于一点：原点。电气工程和计算机图形学的数学基础时常涉及虚数。

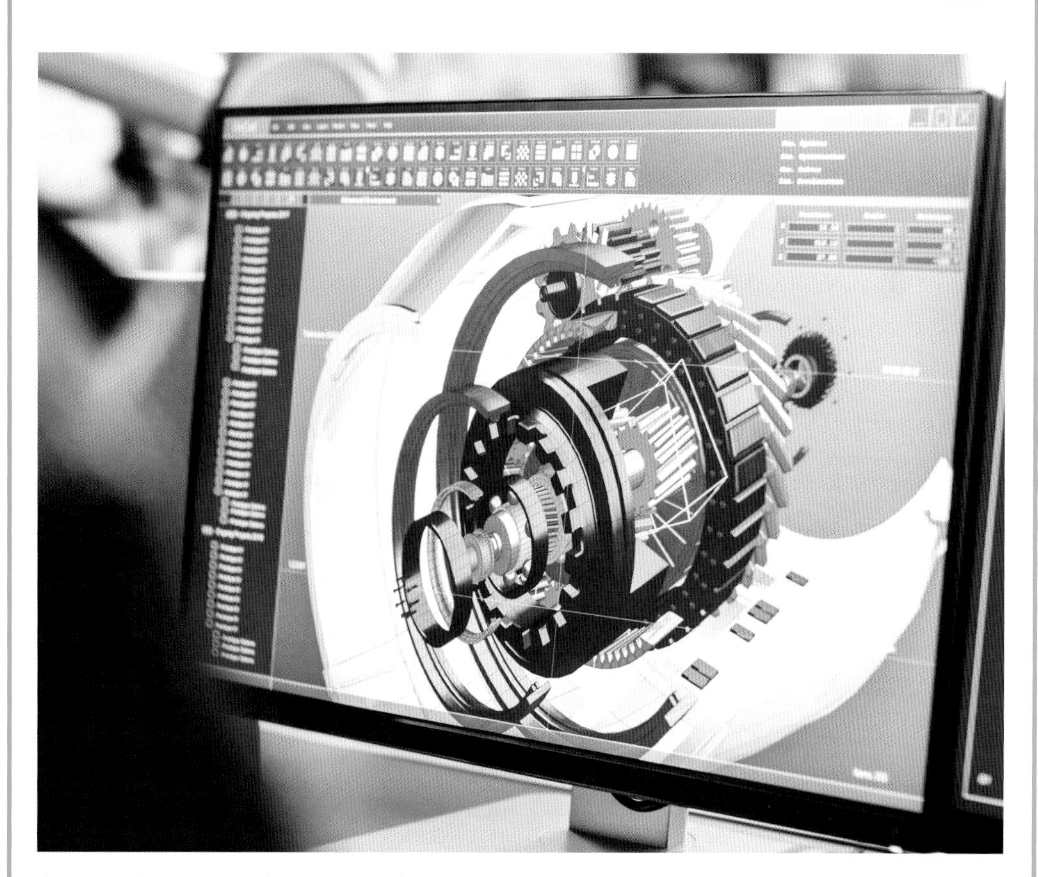

复杂的计算机图形学和高深的数学计算都会使用到虚数。在我们常见的、向正负两个方向无限延展的数轴上可找不到虚数的影子。

二进制数

从数字的标准形式中我们可以发现，十进制计数法中位值的基础是逐渐递增的10的乘方。基于其他进制计数法的原理也是类似的。实际上，进制计数法可以以任意整数为基底。除以10为基底外，最常用的基底是2，这就是二进制计数法。十进制计数法中所使用的数字是0到9，而二进制计数法中所使用的数字只有0和1。十进制数的位值是10^0（个）、10^1（十）、10^2（百）、10^3（千）等，而二进制数的位值是2^0、2^1、2^2、2^3、2^4、2^5等，也可以将它们叫作个、二、四、八、十六、三十二等。

写和认二进制数需要花些时间适应。例如，二进制数10_2是十进制数2_{10}（数字右侧的下标代表其究竟是二进制数还是十进制数）。10_2说明该数字包含1个二和0个单位，而记号100_2（等于4_{10}）说明该数字包含1个四、0个二和0个单位。

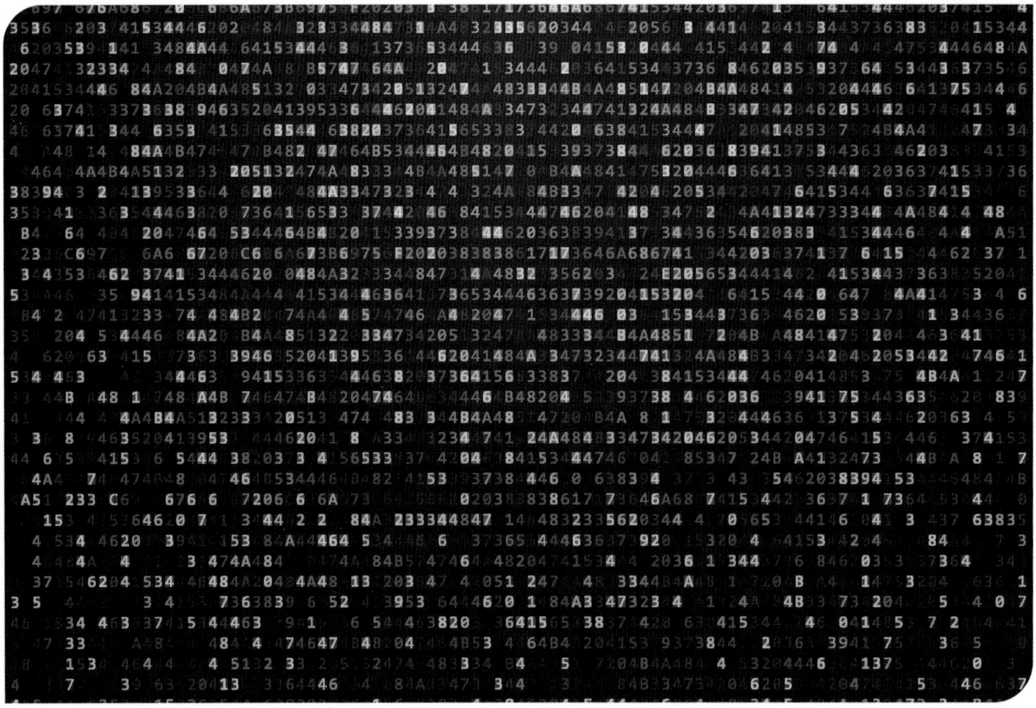

计算机编码均使用二进制数，表示数以百万计的开关组合。

计算机编码

二进制数的历史已有数百年，中国的古籍《易经》中就记载了如何使用64卦来预测未来。这些卦由6根或实或虚的短线构成，这里的实线和虚线分别代表二进制数1和0。每个卦有6根短线，因此共有$2^6=64$种可能性。

莱布尼茨和卦

17世纪70年代，德国数学家戈特弗里德·莱布尼茨（Gottfried Leibniz，1646—1716年）发现卦本质上可以翻译为0和1构成的二元编码。卦这个中国古代符号中的短

布尔逻辑

计算机芯片的电路由开关型晶体管构成，这些晶体管排列组成了称为“逻辑门”的基本单元。每个逻辑门可以接收或0或1的一到两个输入，然后逻辑门将输入转换为或0或1的输出。逻辑门遵循一种称为“布尔逻辑”的数学理论进行上述转换。逻辑门系统采用的不是二进制数的加法或乘法运算，而是如下三种基础运算：

与：当输入是1和1时，输出是1；对于其余情况的输入，输出均为0（这种运算如同乘法）。

或：当输入中有1个或2个1时，输出是1；对于其余情况的输入，输出均为0（这种运算如同加法，只是二进制数中最大的数值就是1）。

非：当输入为1时，输出是0，否则输出为1（这种运算实际上等同于对调0和1）。

上述数学运算仅适用于二进制数。

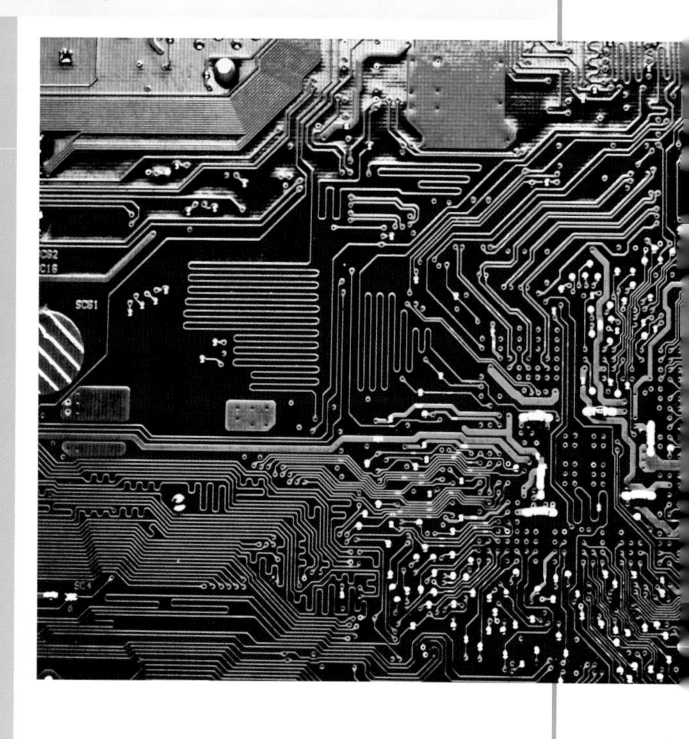

线代表着两种对立的事物——阴和阳，而如今的二进制数的意义与其是相同的。计算机芯片的底层是数以百万计的开关，这些开关遵循精确的指令快速地开合。由0和1构成的二元编码可用于控制芯片的两种状态：1代表开，0代表关。

六十进制

二进制计数法在当今世界用途广泛，特别适用于计算机的编码与运算。十进制计数法对于人类更为实用，因为我们每个人都有10根手指，可以用十进制快速计数。除

中国描述生命平衡的阴阳符号可以理解为以二进制数的思维方式思考人生。

棋盘上的麦粒

关于数字的乘方，有一个广为人知的传奇故事。故事是这样的，古印度国王舍罕王召唤国际象棋的发明人西萨，以表彰他的伟大成就。国王对西萨说："你想要什么奖励？无论你要什么我都满足你。"西萨想要的奖励如下：在国际象棋棋盘上的第一个方格中放一粒麦粒，在第二个方格中放的麦粒数目是第一个方格中的2倍，在第三个方格中放的麦粒数目又是第二个方格中的2倍，以此类推，直至放满棋盘中的所有64个方格。国王听后放声大笑，以为这样根本不会用很多麦粒。国王命令按照西萨的要求给他奖励。

不一会儿，棋盘上就摆满了麦粒。第一个方格中有1粒，第二个方格中有2粒，然后是4粒、8粒、16粒、32粒等。如果真按这样放到方格的一半，棋盘上的麦粒总数就会接近30亿。仅仅最后一格中就要放9.2×10^{18}粒麦粒，也就是920亿亿粒。这样棋盘上的所有麦粒合在一起足足有18 446 744 073 709 551 615粒，这比当时麦子的世界年产量还要多1000倍！

显然国王无法满足西萨的要求，所以故事的结尾有两个版本。一种结尾是，国王明白了西萨的诡计，把他给处死了；另一种结尾是，国王很钦佩西萨的智慧，任命他为"首席顾问"。

西萨所要求的奖励是将每个方格上的麦粒数量翻倍。这与将麦粒数量乘以2无异，也等同于把2的指数加1。

方格	麦粒数	2的乘方
1	1	2^0
2	2	2^1
3	4	2^2
4	8	2^3
5	16	2^4
6	32	2^5
⋮	⋮	⋮
64	9.2×10^{18}	2^{63}

西萨利用了如今被称为"指数级增长"的现象，在这种现象中，增长率也在不断提高。是否可以有效地计算指数级增长是至关重要的。只有做到了这一点，政府部门才能有效地估计新型冠状病毒肺炎等疾病在不受控制时的传播速度。

此之外，还有一种如今仍被广泛应用的进制计数法，那就是有超过3000年历史的古巴比伦计数法。它是一个六十进制计数法，也就是说其基底是60。用这么大的数作为基底，乍一听似乎很令人费解，但时间的单位实际上就以60为基底，例如1小时为60分钟。分钟的英文单词minute来源于法语单词minute，后者的本意是“微小的”，而分钟的确是比小时还微小的子单位。然后，1分钟又被分为60个子单位，即60秒。

六十进制的“幸存者”

在近200年的时间里，许多古代的度量体系都逐渐转变为以10为基底的体系，那为什么1小时没有变为100分钟呢？从数学的角度来看，60是一个包含很多因子的合数，其因子数目远比其他大小相仿的数要多。数字60可以被2、3、4、5、6、10、12、15、20和30所整除，这样我们就很容易将小时或分钟分成更小的片段。在记录时间时，我们先写小时，再写分钟，最后写秒，例如12：45：05，此时我们写的实际上是一个六十进制数。秒是单位，用数字0到59表示，1分钟等于60个单位，而1小时等于3600（或60^2）个单位。

同样还要感谢古巴比伦人，圆周被分为360度（记作360°）。360等于60×6，有24个因子（包含1和本身在内）。因此360也是一个因子很多的合数，这样在将圆周分割为小块时就十分方便。1°又可分为60个子单位，称为“弧分”，而1弧分又可分为60弧秒。这么算来，圆周包含60×60× 360＝1296000弧秒。

标准的12小时制表盘就是以由古巴比伦人首次发明的六十进制体系为基础的。

二进制和十六进制

二进制十分实用，但其表示很冗长。比15大的数若用二进制表示，至少需要5位数值。例如，1000_{10}是1111101000_2，而1000000_{10}是11110100001001000000_2。计算机科学家将冗长的二进制数化简为十六进制数，这就是十六进制计数法。

十六进制计数法中有16个单位，分别是0、1、2、3、4、5、6、7、8、9、A、B、C、D、E和F。十六进制数F_{16}等于15_{10}和1111_2。4位的二进制数可以压缩至1位的十六进制数，而2位的十六进制数可以表示最大至255_{10}和11111111_2的数。充分利用十六进制中含有字母的特点，我们可以将如下十进制数转换为一个英文“短语”（十六进制数）：51966 61453 2989 = CAFE F00D BAD。

代数

数学运算的目的是解答有关数的问题，但有时计算中的数并非都是已知的，为此数学家发展出“代数学”来解决这种问题。代数是计算的推广形式，它研究可代入任意具体数字的计算“模板”。

代数学是数学的代表性学科。代数学以字母替代具体的数字，主要研究运算、过程和形状之间的关联关系（而非具体的一次运算）。

数学中充满了数字之间的规律和关系，例如乘法表和平方数就是很好的例子。代数学旨在利用普适的观点来分析这些规律出现的根本原因（而不是一遍一遍地重复类似的运算）。代数学中的主要数学工具是表达式和等式，它们使用常见的运算符和代表任意数字的字母，而不是具体的数字。数学家最常用的字母就是x、y和z，当然我们也可以把它们换成a、b、c、d或其他任意字母。

代数的英文单词algebra来源于阿拉伯单词al-jabr，后者的意思大致为“连接破损的部件”。这个阿拉伯单词源自9世纪波斯数学家阿尔·花剌子模（al-khwarizmi）的著作《移项与集项计算法》。

阿尔·花剌子模发展了现代等式系统，其中表达式的两端在进行化简时始终保持平衡。实际上，代数学的其他领域早在几个世纪之前就有所发展。

早期研究代数学的数学家还包括亚历山大港的丢番图（Diophantus of Alexandria），

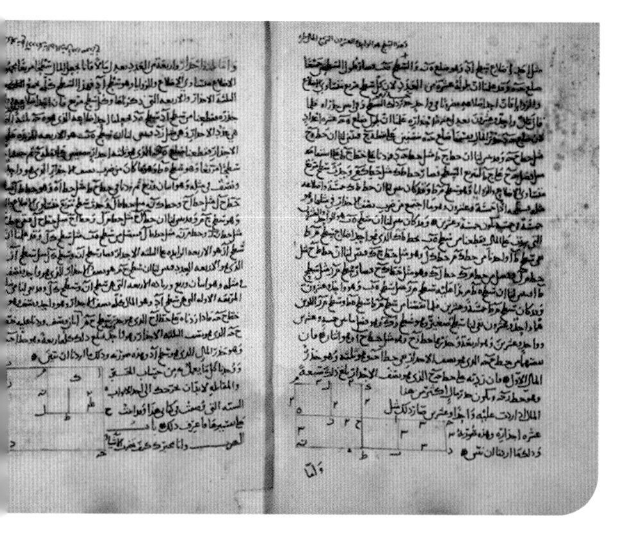

上图为《移项与集项计算法》中的两页。这部著作在完成几个世纪之后才被翻译并流传至欧洲。

他是一位神秘的古希腊数学家，他的生卒年月不详。丢番图完成了一部名为《算术》的著作，其中就将未知数用符号表示（尽管他规定每次计算中至多包含一个未知数）。16世纪，丢番图和阿尔·花剌子模的思想逐渐融入符号代数的现代体系。

表达式

在数学中，表达式指包含数字和运算符的短语，例如 $1+2$ 和 2×3 都是表达式。代数表达式中的数字常常是未定量（未知数），以字母表示，例如 $x+y$。这些字母符号代表变量，因为它们可以代表任意取值。已知的取值被称为“常量”，无论变量如何变化，常量总是恒定的。

项的写法

代数学中的项指表达式中的任意取值（可能是变量，也可能是常量），而代数学中的项有特定的书写规则。变量的加减法

算法

“算法”这一数学术语来源于阿拉伯。阿尔·花剌子模的代数著作后来被译为拉丁文，这是当时欧洲科学与数学的主流语言。该著作标题的最后一个词被翻译为“algorithimi”，这就是英文单词“算法”（algorithm）的拉丁词源。算法听上去像是一个十分复杂的数学对象。算法有时的确很复杂，但其本质就是遵循给定的精确顺序执行的指令序列。例如前文介绍的分数求和中计算最小公分母的步骤就是一个简单的算法。

阿尔·花剌子模讨论代数学的开创性著作的早期阿拉伯语版本的封面。

与常量的加减法一致，而常量和变量的乘法则是将常量写在变量之前，此处的常量将被称为“系数”。例如，$2 \times a$写作$2a$、$3 \times z$写作$3z$。变量相乘时，我们将省略其中的乘号，例如$a \times b$简记作ab。除法用分式表示，例如$x \div 4$写作$x/4$、$y \div z$写作y/z。

表达式的化简

代数学中的表达式必须化简至最简形式。例如，$10x+4y-5x+3y$通过组合相同变元的项可以化简至$5x+7y$。同样，含括号的表达式也可以经展开分离出所有值。在展开时，我们应将括号中的每一项乘以括号外的项。例如，$3(x+2y)=3x+6y$。

等式

如果将表达式看作数学中的短语，那么数学中的语句就是等式。等式又称方程，包含由等号相连的两个表达式。

等号说明等式两端的表达式是平衡的，即它们所代表的数值相等。举个简单的例子，$2 \times 6=3 \times 4$就是一个等式，因为左右两端表达式的取值均为12。代数学中等式通常同时涉及已知取值的常量和未知取值的变量。这种等式常用于求解未定量的取值。例如，等式$2y=3 \times 4$中的y应取何值？我们是如何求解出6的呢？

数学中的很多内容本质上就是解释等式的原理，以便学生们可以利用等式的相关准则自行进行数学运算。

阿尔伯特·爱因斯坦（Albert Einstein，1879—1955年）提出了非常著名的等式$E=mc^2$。这个等式反映了能量与质量和光速之间的关系。

保持平衡

上例中的等式可以按照不同的方式进行重排，使得所有已知量集中到等式的一端，而将包含未定量y的项留在另一端。只要在上述过程中保持等式两端的平衡，即使得两端始终彼此相等，那么最后我们就可以计算出y的取值。上述过程称为“方程求解”。

通过在等式两端施加相同的运算，等式两端的平衡得以保持。在化简两端的表达式时，首先将其变为$2y=12$，然后两端同时除以2，得到$1y=6$。这样就可以解出方程了。

不等式

当两个表达式不相等时，我们无法用等式对它们进行关联。它们称为“不等式”，使用如下符号：

$<$ 小于号

$>$ 大于号

$\leqslant$ 小于等于号

$\geqslant$ 大于等于号

与方程求解一样，不等式也可以通过在左右两端施加相同运算的方式进行求解。但是，不等式求解的结果不是一个具体的数，而是对变量更为直观的估计。在不等式两端加减相同的表达式时，不等式的符号不变；在不等式两端乘以或除以正数时，不等式的符号不变；但当不等式两端乘以或除以的数是负数时，不等式的符号要反转，即大于号变小于号，反之亦然。

奥古斯丁-路易·柯西（Augustin-Louis Cauchy，1789—1857年）是19世纪欧洲的代数学先驱。

比例

当公式中含有系数时，说明其中的某一项与另一项成比例。成比例是指如果一项改变，另一项也会以相同的比例改变。当今最著名的科学公式之一 $E=mc^2$ 就是一个很好的例子。该公式由阿尔伯特·爱因斯坦在1905年提出。这里的E指能量，m指质量，而c是光速。该公式说明，质量可以转换为纯粹的能量。公式中的c指光速，它是一个常数（这项发现也要归功于爱因斯坦）。以一个原子为例，其能量除以其质量将恒等于c的平方，这从将公式重排为 $E\div m=c^2$ 就可以看出。如果原子的质量加倍，那么其能量也将加倍。实际上光速是一个很大的数值，这意味着很小的质量也蕴含着巨大的潜在能量。在该公式中，c^2是比例系数，而E正比于m。再以$A=k/B$为例，其中k是系数，当B变大时A将会变小，我们称A反比于B。

正是阿尔伯特·爱因斯坦的公式使人们意识到原子弹恐怖的破坏力。

公式

包含两个或多个变量的复杂等式称为“公式”。如果某些变量的取值给定，那么我们可以利用等式计算出其他未定量的取值。除了可以分析数之间的关系，公式也有具体的实际用途。以计算矩形面积的公式为例，该公式是面积＝长×宽，或简记作$A=LW$。只需知道长和宽，我们就可以利用该公式计算出矩形的面积。利用代数知识，该公式经重排后可用于计算某一个具体的变量：长＝面积÷宽，或$A/W=L$。这是因为，如果我们想让公式的右端仅含长L，我们需要在原公式两端同时除以宽W。因此$A/W=LW/W$，进一步化简得到$A/W=L$。同理，宽可用公式$A/L=W$计算。

科学词汇

系数：变量前的数，用于说明变量乘以的数值。

常量：表达式中取值不变的项。

等式：以等号连接两个表达式的数学语句。

表达式：至少包含一个数（可能包含变量、常量）和运算符的数学短语。

公式：包含两个或多个变量的等式。

运算：减法或除法等算术技巧。

变量：由字母或符号表示的未定量。

试一试

丢番图谜题

我们对于丢番图本人的了解仅限于其逝世时的年龄，这是从下面刻在丢番图墓碑上的谜题中计算出来的。

“这里安葬着丢番图，真是令人惊奇。
利用代数学，可以从石碑中计算出他的年龄。
上帝赐予他的童年，占他寿命的六分之一。
他的青年又占十二分之一，此时他胡须浓密。
又过了七分之一后，他迈入婚姻的殿堂。
五年之后，他活蹦乱跳的儿子出生了。
哎，能干又睿智的儿子呀，
仅活过他父亲寿命的一半，残酷的死神就夺走了他的生命。
随后丢番图只得以数论来抚平丧子的悲伤，
四年后他也离开了人世。”

这个谜题将与丢番图年龄相关的所有数值都列了出来，其中两个数值是常量，其他数值是由变量（年龄x）构成的分数。等式形如$x/6+x/12+x/7+5+x/2+4=x$。怎么样，你能计算出x来吗?

（答案见下方）

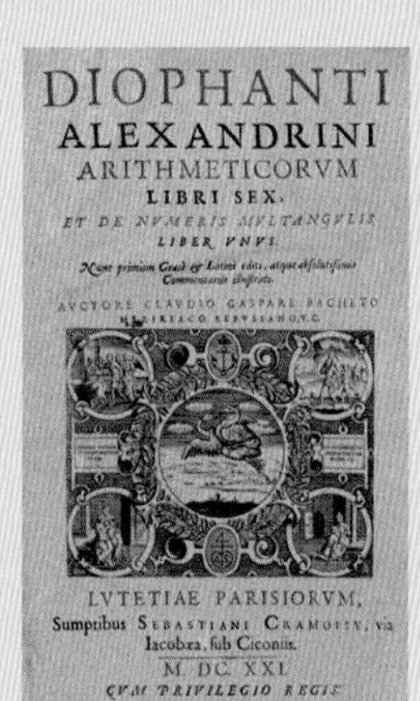
DIOPHANTI
ALEXANDRINI
ARITHMETICORVM
LIBRI SEX,
ET DE NVMERIS MVLTANGVLIS
LIBER VNVS.
Nunc primùm Græcè & Latinè editi, atque absolutissimis Commentariis illustrati.
AVCTORE CLAVDIO GASPARE BACHETO MEZIRIACO SEBVSIANO, V.C.
LVTETIAE PARISIORVM,
Sumptibus SEBASTIANI CRAMOISY, via Iacobæa, sub Ciconiis.
M. DC. XXI.
CVM PRIVILEGIO REGIS.

丢番图在数学方面著作颇丰，左侧是其一本著作的拉丁文版本。丢番图是早期利用代数方法求解数学问题的数学家之一，其思想历经几个世纪才被广泛认可。

答案＝84

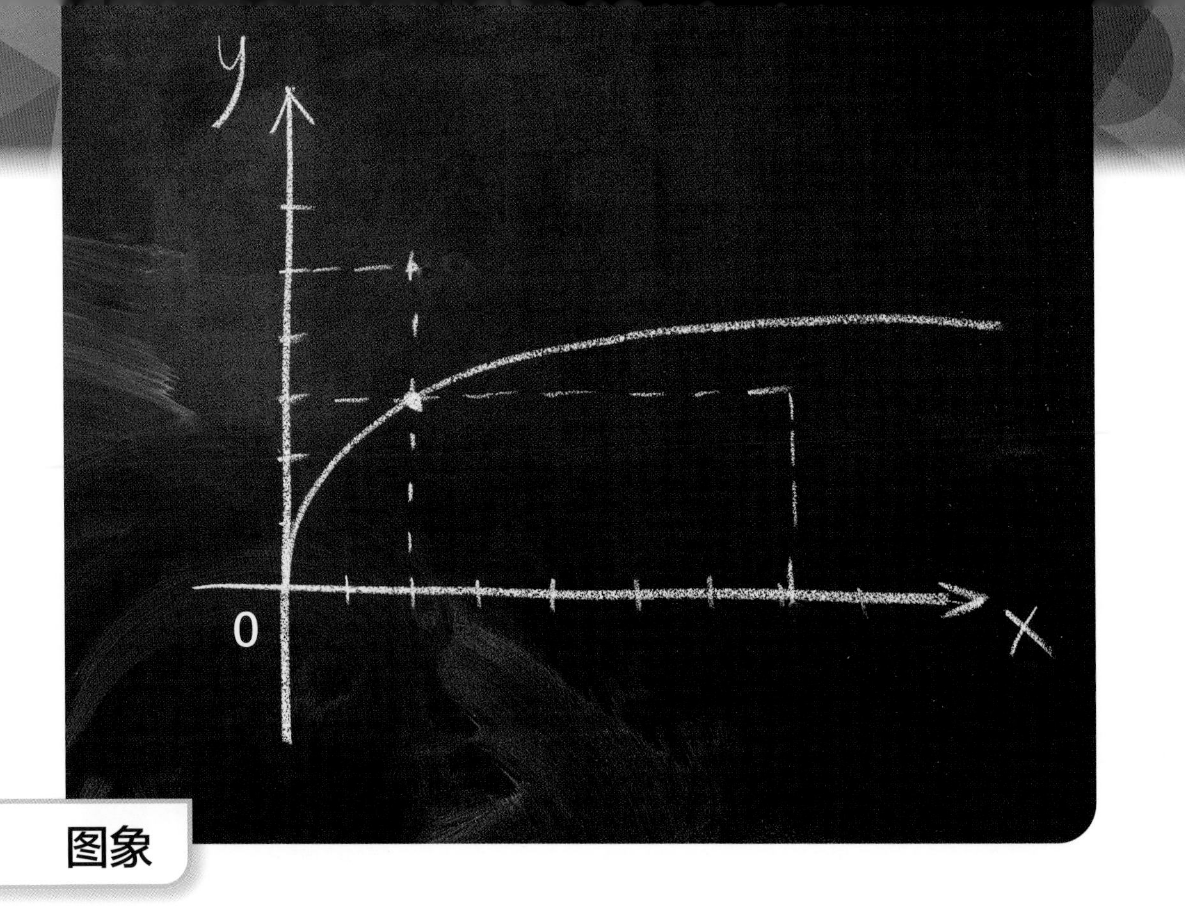

图象

17世纪，法国科学家勒内·笛卡儿（René Dessartes，1596–1650年）提出了理解代数学的全新方法。他不再关注等式中所出现的数之间的关系或规律，而是通过将等式画为直线的方式进行研究。

图中x轴（横坐标轴）和y轴（纵坐标轴）的想法来源于勒内·笛卡儿对苍蝇飞行的观察。

哲学家、数学家勒内·笛卡儿在数学方面的主要贡献被称为“代数几何学”。据说，笛卡儿的灵感最早出现于他上学的时期。孩童时的笛卡儿体弱多病，求学时时常待在家中、躺在床上。成年后，笛卡儿继续保持着在床上工作思考的习惯。1619年的一个早上，他正在观察苍蝇在家中的天花板上飞来飞去。

在观察苍蝇飞行时，笛卡儿发现，可以用两个数来描述苍蝇的飞行轨迹，一个数表示左右方向的运动，而另一个数表示上下方向的运动。天花板可以想象为充满数的平面，平面的中心是原点，而平面上其他所有点都可以用两个数字表示。这种体系如今被称为“笛卡儿坐标系”，以笛卡儿的拉丁名命名。

坐标

笛卡儿坐标系中有两条数轴，一条水平数轴用于表示左右方向的位置，而另一条垂直数轴用于表示上下方向的位置。两条数轴的交点在两条数轴上的取值均为0。这两条数轴称为“轴”，两轴的交点称为“原点”。

原点的坐标是(0,0)。水平轴曾被称为“横坐标轴”，如今被称为“x轴”。点的坐标中第一个数是x的取值，因此当x取值为正数时，对应点的位置在y轴（又称

“纵坐标轴”）的右侧；x取值为负数的点总位于y轴的左侧。同理，y取值为正数的点在x轴上方，而y取值为负数的点在x轴下方。

直线方程

坐标确定了点的位置。点既没有宽度，也没有长度。连接两点或多点将得到直线，这条直线的形状和方向可以用反映x和y取值之间关系的方程来描述。例如，方程$y=x$描述了怎样一条直线呢？将x代入整数值可以得到如下坐标：(0,0)、(1,1)、(2,2)、(3,3)、(4,4)，将这些点画在坐标系上后，我们可以发现，对应的直线是从左下方到右上方对角延伸的一条直线。

该方程描述了一条直线，因此它是一个线性方程。所有直线的方程均满足通用公式$y=mx+c$。其中，m是比例系数，它反映了x变化时y如何变化，该数值反映了直线的斜率，即直线的陡峭程度。常数c确定了当x取0时y取何值，这是直线与y轴交点的位置。

曲线

在坐标系中作图时，有些方程对应的不是直线，而是曲线。例如方程$y=2/x$反映的是反比例关系，其对应的曲线称为“双曲线”。随着y的取值变大，x的取值逐渐减小直至趋近于0，但永远也无法达到0。同理，当x变大时，y的取值也将趋近于0。含有2次方的方程称为“二次方程”，其对应图象是被称为“抛物线”的U形曲线（有时U形曲线的开口向下）。

数列是一列数，其中的每一项由先前

17世纪的法国数学家、哲学家勒内·笛卡儿在许多领域均有广泛而深入的贡献。

不等式的图象

等式以直线将x和y的所有取值关联起来，而不等式则在坐标系中描述出一片区域。例如，方程$y=x+2$的所有解是坐标系中的一条对角直线，而不等式$y \leq x+2$的所有解是$y=x+2$对应直线下方的区域（包括直线上的点）。

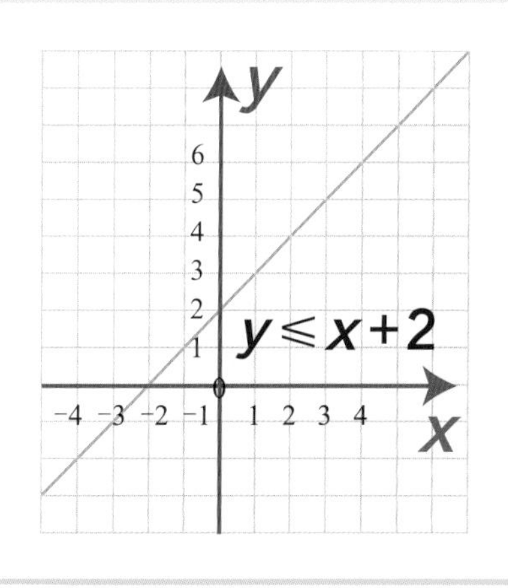

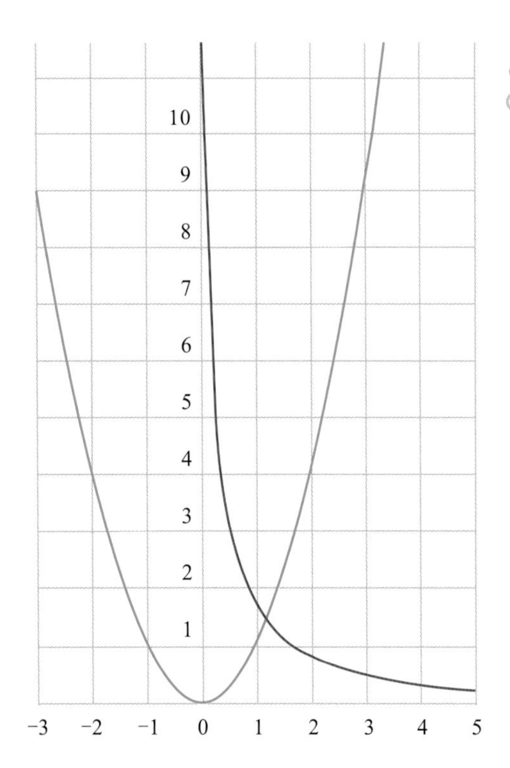

含有2次方的方程称为“二次方程”，其图象是上图所示的抛物线（有时开口向下）。

一项根据一定的数学规则所确定。例如，计数将产生最简单的数列，此时每个项都等于前一项加1。数数构成的数列中的每一项可记作n（实际上是$n \times 1$），其中n表示相应项在数列中处于第几位。例如，对于数列中的第二项，n等于2，此时对应的项是2。对于数列的第三、第四、第五项，n分别等于3, 4, 5，而根据规则，相应的项为3, 4, 5。

计数构成的数列是最简单的数列，其中任意相邻两项之间的差恒为1。如果任意相邻两项之差为4而首项为6，则该数列的前四项将是6, 10, 14, 18。这里的首项t_1是$(4 \times 1)+2=6$，第二项t_2是$(4 \times 2)+2=10$。因此适用于第n项的通项公式形如$t_n=4n+2$。

通过将任意相邻两项加（或减）相同的值而构造的数列称为“算术数列”。因为将算术数列中的所有项画在坐标系中将构成一条直线，因此算术数列是线性的。通项公式$t_n=4n+2$符合直线的通用公式$y=mx+c$。当数列中每一项的构造涉及乘以（或除以）前一项时，相应的数列称为“几何数列”。几何数列之间的相邻两项之间不再保持差相等，而是保持比例相等。

加倍运算将生成一个简单的几何数列，其第n项是前一项取值的两倍。如果首项为1，则数列中后面的项为2, 4, 8, 16, …，等。该数列中任意相邻两项的比值（后一项比前一项）为2，因此该数列的通项公式为$t_n=2^{n-1}$。这个数列中项的取值与西萨棋盘上麦粒的数目是一致的，为2^0、2^1、2^2、2^3、2^4等，而对应的曲线方程为$y=2^x$。

科学词汇

面积：平面空间的大小。

轴：构造坐标系的数轴，通常称为x轴或y轴。

斜率：也称“角系数”，是表示在平面直角坐标系中一条直线对横坐标轴的倾斜程度的量。

不等式：两个表达式并不相等（其中一个大于另一个）的代数形式。用“≠”表示不等关系的式子也是不等式。

平面：平的表面。数学中的坐标系可看作由坐标定义的点所构成的平面。

比例：一个变量按照固定的速率随着另一个变量的增减而增减的关系。

二次的：包含变量的2次方的表达式。

斐波那契数列

最知名的数列是斐波那契数列，它以比萨的列昂纳多的别名斐波那契命名。他是13世纪将位值计数法引入欧洲的意大利学者，其别名斐波那契得名于19世纪，大意是“本性善良之人的儿子”。斐波那契起初构造这个数列的目的是描述兔子的繁殖行为，但实际上该数列并不能精确地描述繁殖行为。

斐波那契数列中的每一项为先前两项之和。斐波那契数列开头的若干项为0, 1, 1, 2, 3, 5, 8, 13, 21, 34, 55, 89, …。斐波那契数列既不是算术数列，也不是几何数列，因为其任意相邻两项之间的差和比值均不是定值。不过，随着斐波那契数列中的数值越来越大，其相邻两项的比值 $F_n \div F_{n+1}$ 趋近于黄金分割 φ（其取值约为0.618）。数学中的斐波那契数列与黄金分割的关联在许多自然现象中均有体现，在生物的生长行为中尤为常见。例如，斐波那契数列可以描述多种海洋生物的生长曲线和多种花的形状。

斐波那契数列可以描述自然界中的多种曲线，例如图中的这种贝壳曲线。

时间线

20000年前 人类使用由骨头制作的计数棒进行计数。

公元前4236年 古埃及人开始采用由365天构成的历法。

公元前3400年 古埃及人使用基底为10的计数法。

公元前3000年 美索不达米亚平原上的人采用由360天构成的历法，其中每8年增加一个闰月来保持与自然季节间的同步。

公元前2950年 中国就已使用早期的农历历法。

公元前2600年 古埃及的建筑工人使用三角板和铅垂线来检测建筑是否垂直。

公元前2000年 古巴比伦数学家发明了以60为基底的位值计数法，其中的每一位数字的值由其在数字串中的位置决定。

公元前1800年 古巴比伦数学家发现了如今被称为“毕达哥拉斯定理”的结论。

毕达哥拉斯在意大利向其信徒解释其理论。

毕达哥拉斯定理是几何学的基石。

公元前1360年 中国数学家发明了非位值计数法。

约公元前550年 据传，古希腊数学家毕达哥拉斯（Pythagoras）发现了有关直角三角形本质的定理。实际上，没有直接证据表明毕达哥拉斯发现过此定理。

公元前300年 古希腊数学家欧几里得（Euclid）写成《几何原本》，这是一本有关几何、定理和证明的著作。欧几里得在本书证明中引入了五大公设。

公元前235年 古希腊数学家埃拉托斯特尼计算地球圆周的长度。10年后，他发明了一种寻找素数的方法，如今被称为“埃拉托斯特尼筛法”。

公元前100年 中国开始使用负数。

公元1年 中国学者刘歆开始使用十进分数（也称“十进制分数”）。

公元62年 古希腊数学家亚历山大港的海伦

（Hero of Alexandria）写成著作《度量论》。该书主要研究如何计算面积和体积。

101年 亚历山大港的梅涅劳斯（Menelaus of Alexandria）在其著作《球面学》中研究了有关球体的几何学。

190年 中国数学家利用10的乘方来表示大整数，例如用10^4表示10000。

250年 古希腊数学家丢番图写成著作《算术》。这一套共计13本的著作引入了代数的概念。

263年 中国数学家刘徽通过多边形近似的方法计算得到了圆周率π的取值3.14159，他所使用的多边形边数高达3072条。

610年 古印度数学家开始使用基底为10的计数系统。

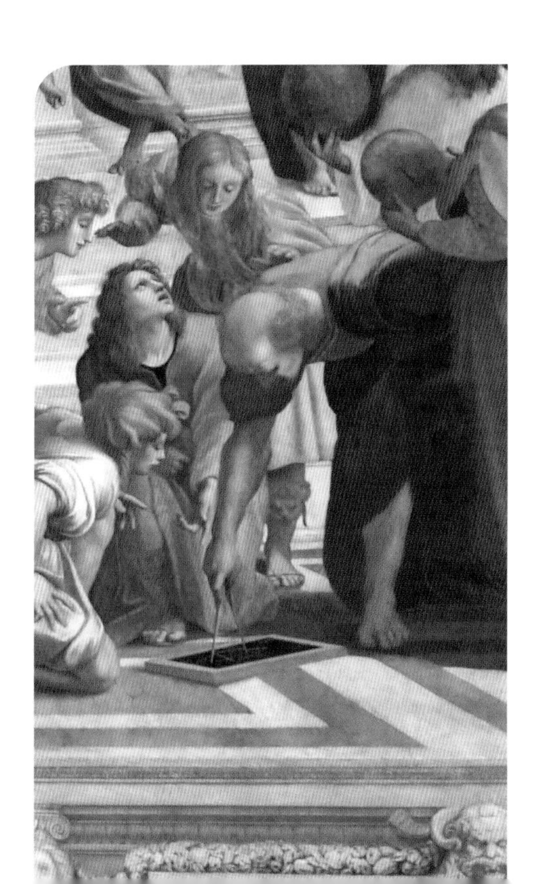

680年 南亚的数学计算中开始使用代表“零”的记号，该记号仅是一个占位符，本身没有数值。

774年 古印度的数学著作开始被翻译为阿拉伯语。

800年 欧几里得的《几何原本》由希腊语翻译为阿拉伯语。

830年 阿尔·花剌子模写成《移项与集项计算法》。这部著作引入了代数的概念，而阿尔·花剌子模的名字（al-Kwarizmi）后来演变为算法的英文单词（algorithm）。

867年 在印度的瓜廖尔，以零为占位符的位值计数法得到应用。

1105年 英国哲学家巴斯的阿德拉德（Adelard of Bath）将欧几里得的《几何原本》译为拉丁文。

1145年 阿尔·花剌子模的《移项与集项计算法》被译为拉丁文。

1150年 印度数学家婆什迦罗（Bhaskara Archarya）在其著作《王冠之约》中介绍了印度数学。

1200年 中国数学家引入了零。

1202年 列昂纳多（斐波那契）在其著作《计算之书》中介绍了印度-阿拉伯计数法的使用方法。

1525年 德国数学家克里斯多夫·鲁道夫（Christoff Rudolf）引入了平方根的符号$\sqrt{\ }$。

16世纪意大利油画中描绘的欧几里得。

1585年 荷兰数学家西蒙·斯蒂文（Simon Stevin）推广了十进分数的使用。

1594年 苏格兰数学家约翰·纳皮尔（John Napier）提出了自然对数。

1618年 威廉·奥托兰特引入乘号“×”来表示两个数字的相乘。

1631年 托马斯·哈里奥特（Thomas Harriot）引入了大于号“＞”和小于号“＜”。

1637年 法国数学家勒内·笛卡儿引入了解析几何，这是一种利用方程和代数学在由 x 轴和 y 轴组成的坐标系上描绘直线和曲线的方法。

微积分

微积分是计算物体如何变化的方法，特别适用于研究物体的运动。物体的变化可以在勒内·笛卡儿引入的坐标系中以曲线的形式描述。创立微积分的初衷是精确测量直线上的每一点。微分学将物体切割为越来越小的片段，而积分学则将这些片段组合起来得到问题的解答。微积分在众多实用性的学科中扮演着重要的角色，例如统计学、经济学，甚至医学。微积分的创始人艾萨克·牛顿（Isaac Newton）和戈特弗里德·莱布尼茨（Gottfried Leibniz）在究竟是谁先创立了微积分方面争执不休，这段故事广为流传。

1644年 法国神父马林·梅森发现了梅森素数。

1659年 约翰·雷恩（Johann Rahn）将除号“÷”引入数学中。

1665年 艾萨克·牛顿研究了无穷小微积分。1673年，德国数学家戈特弗里德·莱布尼茨也独立研究了无穷小微积分，并于1684年发表了他的理论。

1679年 德国数学家戈特弗里德·莱布尼茨研究了二元数学，一定程度上受到了其对中国64卦研究的启发。

1706年 威廉·琼斯（William Jones）引入了圆周率符号 π，它是圆周长对直径的比值。

1712年 乔瓦尼·塞瓦（Giovanni Ceva）出版了《关于金钱问题》，将数学应用于经济学。

1718年 亚伯拉罕·棣莫弗（Abraham de Moivre）出版了《机遇论》，这是概率论的早期著作。1733年，他描述了钟形的正态分布曲线。

1727年 莱昂哈德·欧拉（Leonhard Euler）引入自然对数基底的符号e。

1745年 让·达朗贝尔（Jean d'Alembert）推进了复数理论。他的理论中包含 $\sqrt{-1}$，后来该数值记作复根单位i，是一个虚数。

1767年 莱昂哈德·欧拉在《代数的全面指南》中陈述了代数学的各种准则。

1812年 皮埃尔-西蒙·拉普拉斯（Pierre-Simon de Laplace）出版了《概率分析论》，这是概率论历史上的重要著作。

对数

对数可以将复杂的乘除法运算变为简单的加减法。通过分析给定数字是基底的多少次方，我们可以将该数字变为等价的对数形式，进而实现从乘除法到加减法的转换。例如，100的对数是2（因为 $100=10^2$，即10的2次方），1000的对数是3（$1000=10^3$）。这样，100×1000 就等于 $10^{2+3}=10^5$，即100000。数学家创造了包含所有数字的对数表来简化复杂的运算。对数计算尺是世界上第一种对数计算器，它发明于17世纪。随着现代计算机软件的普及，对数计算不再像以前那样常见。

1814年 彼得·罗杰（Peter Roget）发明了用于计算乘方和根的双对数计算尺。

1826年 俄国数学家尼古拉斯·罗巴切夫斯基（Nikolai Lobachevski）发展了非欧几里得几何学。这种几何学并不遵循古埃及先哲的研究。

1843年 爱尔兰数学家威廉·汉密尔顿（William Hamilton）发明了复数系统四元数。四元数在理论与应用数学中均扮演着重要的角色。

1851年 约瑟夫·刘维尔（Joseph Liouville）描述了超越数。

1854年 乔治·布尔（George Boole）提出了布尔代数，后来它在计算机科学中有着重要的应用。

1872年 德国数学家理查德·戴德金（Richard Dedekind）发表了无理数理论。

1895年 朱尔-亨利·庞加莱（Jules-Henri Poincaré）引入了拓扑学，这是研究曲面和空间的数学分支。

1908年 德国数学家恩斯特·策梅洛（Ernst Zermelo）将集合论引入数学中。集合论主要研究如何分析物体或数字构成的集合。

1963年 爱德华·诺顿·罗伦兹（Edward Norton Lorenz）通过描述大气湍流的运作原理奠定了混沌理论的基础，相关理论又被称为“蝴蝶效应”。

1965年 卢特菲·阿利亚斯卡·泽德（Lotfi Aliasker Zadeh）发明了模糊集理论，后来该理论演化为模糊数学或模糊逻辑。

1980年 出生于波兰的美国数学家伯努瓦·曼德尔布罗特（Benoit Mandelbrot）研究了分形，这是由不断地连续细分得到的数学曲线。分形在物理学、制图学和计算机图形学中均有重要应用。

1994年 英国数学家安德鲁·怀尔斯（Andrew Wiles）证明了困扰数学家几百年的费马大定理。

2018年 计算机程序发现了迄今为止最大的素数，它包含24862048位数。

2020年 指数级增长用于预测新型冠状病毒的传播速度，以协助政府对疾病做出应对。

Books

Dickmann, Nancy. *The Amazing World of Math*. Minneapolis, MN: Hungry Tomato, 2019.

Farndon, John. *Stickmen's Guide to Math*. Minneapolis, MN: Hungry Tomato, 2018.

Levit, Joseph. *Let's Explore Math*. Minneapolis MN: Lerner Publications, 2019.

Mapua, Jeff. *Using Math In Science*. New York, NY: Rosen Central, 2018.

McKellar, Danica. *Do Not Open This Math Book*! New York, NY: Crown Books for Young Readers, 2018.

Various. *The Maths Book: Big Ideas Simply Explained*. London: Dorling Kindersley, 2019.